国家出版基金项目
NATIONAL PUBLICATION FOUNDATION

中国卷

世界灌溉工程遗产研究丛书

谭徐明 总主编

尤桦 刘建刚 编著

长渠流润泽塞上 长城守望两千年

宁夏引黄灌溉工程

长江出版社
CHANGJIANG PRESS

总序

在世界广袤的大地上，分布着丰富且类型多样的人类文明，古代灌溉工程就是其中之一。直到今天，还有相当数量的古代灌溉工程在持续地为人们提供着生活、灌溉和生态供水服务。现存的古代灌溉工程历经长久考验，没有成为西风残照的废墟，也没有成为书籍中刻板的回忆，而是以与自然融为一体的形态存在，并成为兼具工程价值、科学价值和文化价值的人类文明奇迹。

2014年，国际灌溉排水委员会（ICID）开始在世界范围内评选收录灌溉工程遗产，旨在挖掘、保护、利用和宣传具有历史意义的灌溉工程所蕴含的自然哲理、科学思想、文化价值和实用价值。从2014年至2020年，经由中国国家灌排委员会推荐和国际评委会评审，我国有安徽的芍陂、四川的都江堰等二十处具有历史意义的灌溉工程入选世界灌溉工程遗产名录。由此，古老而丰富的中国灌溉工程遗产向世界又开启了一个了解和认识中国文明史的新窗口，让更多的人走进中国悠久而辉煌的水利史，探索这些工程中蕴藏的人与自然和谐相处的理念和古代贤人因势利导的治水智慧和方略。

粮食充裕则天下稳定，人民安居乐业，而灌溉工程正是在洪涝干旱灾害频发的自然环境下保障粮食丰收的关键所在。中国是灌溉文明古国，历朝历代从一国之君到州县官员无不重农桑兴水利，并确立了从中央到民间权、责、利相互结合的灌溉管理制度。农耕文明下的这些灌溉工程及其管理制度和道德约束，为水利发展注入了民族精神，并在历史的长河中衍生出独特的文化和记忆，使得现存的古代灌溉工程在这一独特的文化滋养下世代相传、经久不衰。每一处灌溉工程遗产都是人与自然和谐相处和可持续发展活生生的实证。

中国 5000 年的农耕文明史中，因水资源禀赋和自然环境差异而建造出类型丰富、数量众多的灌溉工程。留存下来的古代灌溉工程得以延续至今，往往缘于这一灌溉工程在规划、选址、选型、建设和管理上的可持续性，随着科技和社会的发展，其功能和效益仍在扩展中。如安徽寿县的芍陂，是我国历史最悠久的大型陂塘蓄水灌溉工程，它始建于战国时期最强盛的楚国，历经 2600 多年后，至今仍灌溉着 67 万亩农田，并成为今天淠史杭灌区的反调节水库。再如有 2270 多年历史的四川都江堰，是世界上年代最久远、仍在发挥作用的无坝引水灌溉工程。留存至今的古代灌溉工程堪称人与自然和谐相处的典范，是可持续发展的活样板。

抛弃历史的前进，终究是无本之木，善于继承方能更好创新发展。在我们拥有先进科学技术的当代，从灌溉工程遗产中汲取经过历史检验的科学理念、智慧和经验，把现代科学技术与经过历史检验的思想和理念相结合，有助于更好地设计和建造人水和谐与可持续发展的灌溉工程。灌溉工程遗产也是重要的文化传承，在灌区现代化建设的过程中应该同时加强对灌溉工程遗产和灌溉文明的保护，让中华大地上美轮美奂的古代灌溉工程和丰富多彩的灌溉文化依然充满生命力，让历史文化在流水潺潺的水渠、在生机勃勃的田野得到永恒延续发展，为我国灌溉文化的生命传承和建设现代化生态灌区注入不竭的动力。

中国水利水电科学研究院原总工程师
2011—2014 年国际灌溉排水委员会第 22 届主席

2023 年 8 月于北京玉渊潭

宁夏引黄灌溉工程

目 录

世界灌溉工程遗产研究丛书

中国卷

导　言

　　2017年10月，宁夏引黄古灌区正式列入世界灌溉工程遗产名录，国际灌排委员会称赞其为世界灌排工程的典范，代表着中国古代水利工程技术的卓越成就。这标志着黄河流域主干道上产生了第一处世界灌溉工程遗产，实现了宁夏世界遗产"零"的突破，也再次向世界亮出了"塞上江南"的靓丽名片。

　　宁夏引黄灌区位于黄河上游，是宁夏境内黄河两岸平原的泛称，包括银川平原和卫宁平原，因地处河套西部又称前套或西套。其南起宁夏中卫市沙坡头区，北至石嘴山市，由傍黄河两岸的卫宁、青铜峡两个独立灌区组成，沿黄河长320千米，东西宽40千米。灌区内黄河由中卫市下河沿入境，向东流入青铜峡后沿银川平原的东部边缘自南向北流去。

　　宁夏引黄灌区是我国大型古老灌区之一，是黄河上游历史最悠久、规模最大的引黄灌区，也是黄河农业文明的发源地。从秦汉开始，中央政府在宁夏及河套地区开始大量戍军守边、移民垦殖，沿河设郡置县，不仅拉开了宁夏平原灌溉农业发展的序幕，也把中原地区比较先进的传统文化和农耕技术带到宁夏。由此，宁夏成为中国北方最早的移民垦殖区、农业开发区、灌溉农业区。北魏时期，刁雍修造艾山渠，可以灌溉官田、民田四万顷，使得薄骨律镇成为北魏生产粮食的大粮仓。西夏时期，宁夏从边疆、地边之所，成为西北集政治、经济、文化、军事为中心的"京畿"之地，统治者将水利视为"立国之本"，通过不断设定专门机构、健全法律，确立管理制度，推动引黄灌溉工程及管理进一步发展和完善，宁夏地区从中原政府认为的"仰望中原补给输送"，发展为"岁无旱涝之虞"之所。元明清时期新开了多条渠道，卫宁平原和银川平原灌溉体系进一步系统完善，灌区范围持续扩大。

宁夏引黄灌溉技术是中国古代大型渠系引水灌溉工程的典范。宁夏引黄古灌区的浚修、保护和传承，是黄河文明发展的历史。除有黄河方便的引水条件外，主要还靠兴修水利的实践，在特定的自然条件下创造和发展了一套独特和完整的水利技术。一是采用无坝引水形式。无坝引水是中国古代水利工程最基本的建筑型式，该技术早在都江堰、灵渠、郑国渠等工程中得以使用，至宁夏古灌区引黄灌溉工程时已十分成熟。无坝引水工程的主要特点是规划上的科学性，它充分利用河流水文以及地形特点布置工程设施，使之既满足引水或通航的需求，又没有改变河流原有的自然特性。同时无坝工程也有自身的缺陷，即不能根据灌区用水需求调节，每年还需要巨大的维护工程量等。①

二是采用多首引水工程。宁夏平原地势平坦，水源充沛，而黄河泥沙含量高，"河水重浊，号为一石水而六斗泥"，且卵石、粗砂、泥沙夹杂其中，故黄河"善迁、善淤、善决"，在千年的水利灌溉中历朝统治者均十分重视对渠首、渠道的维修和疏浚。如北魏刁雍在奏折中提出，艾山两侧管道因黄河变迁，"渠身高

---

① 谭徐明：《都江堰史》，中国水利水电出版社，2009 年，第 9 页。

出河床两丈"，无法引水灌溉，他建议重新进行渠口选址、渠首筑坝、干渠及支渠分渠配套修建。可以说多首引水工程是顺应自然，改造自然，尽可能利用自然过程和自然规律恢复和维持生态环境，以极少的人力物力，实现经济社会与自然的共荣和谐。宁夏引黄灌溉工程中多渠首引水和引黄自流灌溉就是"让自然做功"生态理念的绝佳体现，是古代水利工程人与自然和谐的建筑艺术。[①]

随着科学技术的不断变化，水利工程也随之被改变，1954年建成的青铜峡水利枢纽工程和2000年建成的沙坡头水利枢纽工程，是宁夏对古老的黄河干、支渠裁弯取直和增扩建黄河渠系的系统工程，是宁夏古灌区的延续，并结束了宁夏无坝引水和多首制的历史，开启了现代引黄灌溉一首制的新篇章。宁夏引黄灌区1998年被列入全国大型灌区续建配套和节水改造项目，砌护干支渠近300千米，改造或新建各类建筑物160多座，更新了部分机电设备。这些水利工程提高了供水保证率，减少了黄河洪水、枯水和冰凌对灌区的致命威胁。

宁夏引黄灌区地处中国西北部干旱半干旱地区，自古以来就是游牧文明与农耕文明交错地带和多民族聚居区，历史时期战略地位突出，持续的引黄灌溉和屯田农业开发为区域稳定和社会经济发展奠定基础，和长城一起共同见证了农耕与游牧文明冲突、交融发展的历史。

从先秦戎族进入宁夏开始，北方游牧民族就不断进入宁夏平

---

① 何彤慧、李鸣骥：《黄河宁夏段水利开发史中的"让自然做功"》，《黄河文明与可持续发展》（第20辑），第94页。

原，他们将草原游牧文化带入宁夏的同时，很快接受了灌溉农业和农耕文化。自汉唐以来，民族关系发展进入新的阶段，民族融合成为主旋律，唐代在宁夏及周边地区设立羁縻州，宁夏引黄古灌区成为容纳包括突厥、鲜卑、柔然、粟特、吐蕃、党项、吐谷浑、回纥等众多少数民族的重要地区，移民的类型多、数量大，达到新的高峰。

各民族共同耕耘，黄河之利的优势得以充分发挥，呈现出富庶繁荣的景象，使得宁夏平原成为对周边各民族有极强吸引力的经济中心，历史文献中也留下了许多各个时期对宁夏平原的赞誉之辞。同时诸族内附，迁居宁夏，各民族你中有我、我中有你，在不断碰撞交流、兼收并蓄中与时俱进，各民族以引黄灌溉为纽带共同促进宁夏地区的开发，构筑共有精神家园，这与黄河文化兼容并蓄的特点相得益彰。

黄河是中华民族的母亲河，是中华民族的根和魂，是华夏文化的发源地，孕育了中华五千年文明历史，铸就了中华民族不屈不挠的进取精神。多样性和一体性，是中华文化的重要特征，也是文脉赓续的"基因密码"，尽管黄河文化在宁夏段呈现出独有的边塞文化和移民文化，但其核心同样是以农耕文化为核心的中华文化。这些不同的文化多元一体，传承着同样的文化基因，都是中华文明的重要组成部分，而这些灿烂多样的文化交相辉映，才使中华文化历久弥新、博大精深。

自古以来，水利关乎国家安危、经济发展、社会稳定、民族关系，对宁夏引黄古灌区历史文化的研究，既还原了古代宁夏地区经济生活，了解整个宁夏引黄灌溉工程的发展脉络和历史阶段，又对当下水利文化的保护和开发具有一定的借鉴意义，对于水利的治理也是国家治理能力和治理体系的一种彰显。九曲黄河，奔腾向前，以百折不挠的磅礴气势塑造了中华民族自强不息的民族品格和"天行健，君子以自强不息"的民族性格，是中华民族坚定文化自信的重要根基，是铸牢中华民族共同体理论体系的深厚历史内涵。

历经千年积淀，如今宁夏引黄古灌区范围约 8600 平方千米，引黄干渠 25 条，总灌溉面积达到 828 万亩，为北方之最，排在全国前列。对于整体干旱的北方来说，宁夏的水资源利用水平有值得借鉴的先进经验。以青铜峡为界，南部为卫宁灌区，灌区窄短，灌溉面积 6.1 万公顷；北部为青铜峡灌区，灌区长而宽，灌溉面积 28.6 万公顷，包括河东、河西、陶乐灌区。境内地形由南向北、自西向东倾斜，沿河两岸为黄河冲积平原，南部以沙漠和山地为主，北部以台地为主。

第一章 概 述

宁夏平原地处干旱半干旱气候区，由于持续 2200 多年的引黄灌溉，成为黄河上游历史最悠久、规模最大的灌区。这里北连大漠、南接关中，地处游牧文化与农耕文化的交错带，民族众多，在历史时期战略地位突出，持续的引黄灌溉和屯田农业开发为区域稳定和社会经济发展奠定了基础。

第一节 地理环境

一、地理区位

黄河宁夏段以黑山峡为起点，流经宁夏 397 千米，是我国唯一一个全境都属于黄河流域的省份。引黄灌溉把母亲河的这份馈赠化为了无穷的财富，织就了"天下黄河富宁夏"的传奇。宁夏引黄古灌区位于黄河上游下河沿—石嘴山两个水文站之间，沿黄河两岸地形呈"J"形带状分布。其主要包括青铜峡灌区和沙坡头灌区组成的自流灌区，以及固海灌区、固海扩灌灌区、盐环定灌区、红寺堡灌区、陶乐及月牙湖等组成的扬黄灌区，区域总面积 12953 平方千米。宁夏引黄灌区以青铜峡水利枢纽为界，分割为上游的卫宁灌区和下游的青铜峡灌区。由于黄河河道的自然分界，卫宁灌区又划分为河北灌区和河南灌区，青铜峡灌区又划分为河东灌区和河西灌区。

卫宁灌区位于黄河沙坡头与青铜峡之间 120 千米长的狭长地带上，原系多渠系无坝引水。沙坡头水利枢纽建成后，部分渠道改为有坝引水，土地面积 686 平方千米，涉及中卫、中宁两县和青铜峡市的广武乡以及国营渠口农场。

青铜峡灌区为有坝控制引水，位于宁夏北部。青铜峡灌区行政区划上主要包括银川、石嘴山、吴忠三个地级市和青铜峡、利通区、灵武、永宁、银川郊区、贺兰、平罗、惠农、盐池、同心等县市国营农、林、牧、渔场。

二、地形地貌

宁夏地处中国地质、地貌"南北中轴"的北段，在华北台地、阿拉善台地与祁连山褶皱之间。高原与山地交错，大地构造复杂。从西面、北面至东面，由腾格里沙漠、乌兰布和沙漠和毛乌素沙地相围，南面与黄土高原相连。地形南北狭长，地势南高北低，西部高差较大，东部起伏较缓。

境内地表形态复杂多样，2017 年《宁夏第一次全国地理国情普查公报》统计显示，宁夏地形中丘陵占 37.41%，平原占39.26%，全区林草覆盖面积达到 33622.77 平方千米，其中，林地和草地在中部地区分布较广，所占比重较大。

三、气象水文

宁夏回族自治区地处中国内陆，为典型的大陆性气候，最南端的六盘山区属半湿润区，卫宁平原以北属干旱区，其他地区为半干旱区。各地年平均气温 5.6℃ ~ 10.1℃，自南向北递增；最冷月（1月）平均气温为 -7.3℃，最热月（7月）为 22.4℃。年降水量在 167.2 ~ 618.3 毫米，自南向北递减。

宁夏中北部气候干爽，光热资源丰富，全年晴朗天气达 300 天左右，年日照时数约 3000 小时；日平均气温 ≥ 10℃的积温近 3400℃·日，气温日较差达 13℃左右。贺兰山脉绵亘于宁夏西北部，山势巍峨雄伟，既削弱了西北寒风的侵袭，又阻挡了腾格里沙漠流沙的东进，成为银川平原的天然屏障，也是中国季风区和非季风区的分界线。

宁夏深居内陆，形成日照时数多、太阳辐射强的特点。全区年平均太阳总辐射量为 4950 ~ 6100 兆焦 / 米^2，年日照时数 2250 ~ 3100 小时，是全国日照资源最丰富地区之一。年平均太阳辐射北部高于南部。夏季太阳辐射最多，春秋两季次之，冬季最少。

第二节　生态环境

宁夏位于黄土高原、蒙古高原和青藏高原交会地带，属干旱半干旱地带，具有山地、黄土丘陵、灌溉平原、沙漠（地）等多种地貌类型，是我国生态安全战略格局的重要组成部分，是我国西部重要的生态屏障，在我国生态安全战略格局中具有特殊地位，生态区位十分重要，保障着黄河上中游及华北、西北地区的生态安全。宁夏是我国生态环境最脆弱的省区之一，86%的地域年降水量在 300 毫米以下，西、北、东三面被腾格里沙漠、乌兰布和沙漠和毛乌素沙地包围，生态环境敏感复杂，水资源短缺，水土流失严重。

一、水资源及水系

宁夏引黄古灌区水资源呈现出干旱少雨、蒸发量大的特点，用水对黄河水资源有着很高的依赖性。一是宁夏降雨量非常稀少，多年平均降雨量 289 毫米；二是蒸发量非常大，平均年水面蒸发量 1250 毫米，是全国水面蒸发量较大的省区之一；三是地表水资源量极度匮乏，是我国水资源严重匮乏的地区之一，宁夏多年平均地表水资源量 9.493 亿立方米，平均年径流深 18.3 毫米，是黄河流域平均值的 1/3，是全国均值的 1/15。

宁夏地处黄河流域，境内黄河长 397 千米，黄河正常来水条件下，宁夏可耗用黄河地表水资源量 41 亿立方米，2022 年黄河水引水总量为 67 亿立方米。宁夏引黄灌区多年平均地表水资源量为 3.83 亿立方米。耕地亩均占有水量 46 立方米，是全国平均值的 1/6，黄河流域平均值的 1/28。宁夏引黄灌区地下水资源量为 19.42 亿立方米，占全区地下水资源总量的 82.6%，地下水与灌溉水、渠沟水、黄河水有紧密的联系，形成一个统一的水循环体。

宁夏境内除小部分内流区外，其余均属黄河流域，主要包括黄河干流、清水河、祖厉河、红柳沟、苦水河、葫芦河、泾河等 17 条大于 1000 平方米的河流，38 条大于 500 平方米的河流。同时，宁夏境内湖泊 200 多处，其中水面面积大于 1 平方米的有灵武盐场湖、小湖、腾格里湖、沙湖、镇朔湖、明水湖、西大湖、清水湖、岛嘴湖、鹤泉湖、阅海湖、星海湖、高庙湖、黄河湿地公园湖、党家堰塞湖等 43 处湖泊。

（一）黄河

黄河流经青海、四川、甘肃、宁夏、内蒙古、山西、陕西、河南、山东9省（区），全长5464千米，流域面积79.5万平方千米。

黄河由中卫市南长滩入境，贯穿中卫、中宁及青铜峡灌区12个县、市，至石嘴山市头道坎以下麻黄沟出境，流入内蒙古自治区，境内流程397千米，占黄河全长5464千米的7%，实测最大流量为青铜峡1946年9月16日6230立方米每秒，过境年径流量325亿立方米，年输沙量2.04亿吨。上游建库后年输沙量为1.25亿吨。黄河在宁夏境内水势平缓，引水方便，发展自流灌溉历史悠久，经历代劳动人民的开发，形成了比较完整的灌溉渠系，使宁夏平原成为管道纵横、盛产鱼米的"塞上江南"。

（二）清水河

清水河，古代称西洛水、高平川水、蔚茹水，是黄河上游我区境内流入黄河最大的一级支流。发源于固原市原州区开城乡黑刺沟脑，由南向北流经区内固原、海原、同心等六县，于中宁泉眼山汇入黄河，全长320千米，总面积14481平方千米，流域内大于500平方千米的支流有8条。该河上游水量较大，中下游处半干旱地带，加之蒸发、渗漏、灌溉等因素，水量逐渐变小。流域平均年降水量349毫米，年径流量2.16亿立方米，大部地区水质苦涩。泥沙多，多年平均含沙量229千克／米^3，年输沙量4940万吨。

（三）葫芦河

葫芦河，渭河左岸支流。古称陇水、长离水、瓦亭川，《水经注》、明《秦安志》和清《秦安县志》均有详细记载，亦称长源河、武延川等。位于宁夏南部、甘肃省东部，因河流迂回曲折，沿途经七峡八川，沿河峡谷、盆地相间，时放时收，状似"葫芦"而得名。

葫芦河属渭河的一级支流，发源于西吉县月亮山，流经西吉、隆德入甘肃省静宁县，宁夏境内长120千米，流域面积3281平方千米，流域平均年降水量491毫米，年径流量1.69亿立方米。主要支流有8条，东侧支流发源于六盘山西麓，水量较丰富、水质好、泥沙少，宜于兴修水利工程。西侧多为大地震形成的堰塞湖，支流有滥泥河，水质差、泥沙多、水土流失严重。

（四）泾河

泾河是渭河最大的支流，又称泾水，发源于宁夏回族自治区泾源县六盘山东麓马尾巴梁东南，河长460千米，流域面积45458平方千米。《山海经》曰："泾谷之山，泾水出焉，东南流注于渭。"[1]《尚书·禹贡》曰"泾属渭汭"，即与渭河相汇。[2]

泾河系渭河一级支流，发源于六盘山东麓，干流在宁夏境内长39千米，流域包括泾源、彭阳、固原地区东南部和盐池麻黄山地区，面积4955平方千米，流域平均年降水量510毫米，年径流量3.49亿立方米。

（五）苦水河

苦水河为黄河一级支流，又名山水河，位于宁夏回族自治区东部。发源于甘肃环县沙坡子沟脑，水向北流，经盐池、同心、吴忠至灵武县新华桥汇入黄河，长224千米，流域面积5218平方

---

① ［北魏］郦道元著，陈桥驿校证：《水经注校证》卷十七《渭水》，中华书局，2020年，第430页。

② ［清］刘沅著、谭继和笺解：《十三经恒解 笺解本》卷二《书经恒解》，中华书局，2016年，第63页。

千米，流域平均年降水量 268 毫米，年径流量 1550 万立方米。流域处于半干旱荒漠草原地带，径流小、泥沙大、水质差。

（六）红柳沟

红柳沟为黄河一级支流，发源于宁夏同心县罗山席家井村。上游沿途汇集大罗山、小罗山西侧的冲沟，在孔家嘴汇入中游大河子水，过红寺堡与兰家圈子沟、独疙瘩沟相汇，始称红柳沟，在中宁县鸣沙镇白马村汇入黄河，河长 107 千米，流域面积 1064 平方千米，流域平均年降水量 265 毫米，年径流量 620 万立方米，水文特性径流小、泥沙大、水质差。

（七）祖厉河

祖厉河，主要在甘肃境内，在宁夏境内面积 597 平方千米，流经西吉、海原境内，至甘肃会宁县郭城以上注入祖厉河干流，于靖远县以下汇入黄河，在宁夏境内平均年降水量 410 毫米，年径流量仅 1070 万立方米。因流域地层含盐碱较多，水味苦咸。河水含沙量较高，最大含沙量为 1110 千克 / 米^3，是世界上含沙量最大的河流之一。河水含有大量镁、钠、钙，故不能饮用和灌溉，流域内除引用厉河水和关川河消冰水及洪水外，农业灌溉主要依靠引黄河水。

（八）其他诸沟

主要有中卫高崖沟、陶乐都思兔河、贺兰山东麓山洪沟等，总面积 23146 平方千米，年径流量 1.39 亿立方米。

二、生态资源

宁夏地处半湿润区向半干旱、干旱区的过渡地带，降雨量少，且由南向北递减，以水分因素为主导的植物生态条件的差异，导致了宁夏植被的带状分异。宁夏的绝大部分地区属于草原带范围，仅西北、北部和东北的极少部分边缘地区属于荒漠地带。宁夏最南端较小范围为森林草原植被，中南部为干草原植被，中北部为荒漠草原植被，最北端的荒漠植被属草原化荒漠植被。

（一）植物资源

宁夏是全国森林资源最贫乏的省区之一，地处西北区，植物种类贫乏，主要有碱蓬、盐节木、小叶白蜡、天山忍冬、泡泡刺等。因宁夏绝大部分地区的气候属温带干旱、半干旱气候，降水稀少，草场类型多为干草原、荒漠草原，其面积占全区草场总面积的79%。这类草场植被覆盖度低，植物种类少，产草量和载畜量较低。宁夏林木资源以人工林为主，六盘山、贺兰山、罗山是自治区三大天然林区。2022年，森林覆盖率、草原综合植被盖度、湿地保护率分别达到18%、56.7%、56%。

（二）动物资源

据2021年数据统计，宁夏分布有国家重点保护野生动物107种。其中，国家一级保护动物23种，包括兽类7种、鸟类15种、鱼类1种；国家二级保护动物84种，包括兽类16种、鸟类62种、爬行类2种、两栖类1种、鱼类3种。按物种种类分，宁夏分布的鸟类中有国家重点保护物种77种，兽类中有国家重点保护物种23种，爬行类中有国家重点保护物种2种，两栖类中有国家重点保护物种1种，鱼类中有国家重点保护物种4种。

（三）人口资源

截至2022年末，宁夏全区常住人口728万人，比上年末增加3万人。其中，城镇常住人口483万人，占常住人口比重为66.34%，比上年末提高0.3个百分点；女性人口357万人，占总人口比重为 49.04%；男性人口为 371 万人，占总人口比重为 50.96%；全年全区出生人口 7.7 万人，出生率为 10.60‰，死亡率为 6.19‰，人口自然增长率为 4.41‰。全区基本养老、失业、工伤保险参保人数分别比上年末增加 31.68 万人、8.36 万人、3.54 万人。

（四）经济概况

宁夏统计局、国家统计局宁夏调查总队联合发布的《宁夏 2022 年国民经济和社会发展统计公报》统计：2022 年，宁夏实现生产总值 5069.57 亿元，按不变价格计算，比上年增长 4.0%；全年全区城镇新增就业 7.95 万人；全年全区居民消费价格比上年上涨 2.3%。分产业看，宁夏第一产业实现增加值 407.48 亿元，比上年增长 4.7%；第二产业实现增加值 2449.10 亿元，比上年增长 6.1%；第三产业实现增加值 2212.99 亿元，比上年增长 2.1%。2022 年，全区居民人均可支配收入 29599 元，比上年增长 6.1%。

其中，宁夏 2022 年全年粮食播种面积 1038.44 万亩（1 亩约等于 666.7 平方米），比上年增加 4.51 万亩；全区粮食总产量 375.83 万吨，比上年增产 7.39 万吨，增长 2.0%，实现十九连丰。其中，小麦播种面积 122.03 万亩，增加 21.47 万亩；小麦产量 27.27 万吨，增长 43.9%。[①]

---

① 安小霞：《宁夏常住人口 728 万人！人均可支配收入近 3 万元》，《宁夏新闻网》2023 年 4 月 26 日报道。

第二章　区域水利简史

第一节　秦汉时期宁夏引黄灌溉的开创

一、建置沿革

秦王嬴政二十六年（公元前 221 年），统一六国建立秦朝，"分天下以为三十六郡，郡置守、尉、监……地东至海暨朝鲜，西至临洮、羌中，南至北向户，北据河为塞，并阴山至辽东。"[①]

二十七年（公元前 220 年），秦始皇先后巡陇西、北地等郡，出鸡头山，过回中。[②]此时，宁夏地区隶属于北地郡，且北地郡政区沿革也历战国至秦而有所盈缩，由义渠县发展为辖 20 个县之郡[③]，其中含泾阳、乌氏、朝那、昫衍、富平等宁夏诸地，范围涉及今宁夏黄河之东南部。[④]

---

① ［西汉］司马迁：《史记》卷六《秦始皇本纪》，中华书局，2003 年，第 239 页。

② ［西汉］司马迁：《史记》卷六《秦始皇本纪》，中华书局，2003 年，第 239、241 页。

③ 王兴锋认为秦北地郡是一个复杂动态的过程，其中秦惠文王十一年（公元前 327 年），义渠置县，是北地郡发展的第一阶段。其后，秦国夺取义渠二十五城，包括徒泾、郁郅和李伯等城，统属于北地郡，这是北地郡发展的第二阶段。秦昭王三十五年（公元前 272 年），秦灭义渠后，北地郡辖区再次扩大，重新调整北地郡的辖境和属县，是北地郡发展的第三阶段。秦王嬴政二十六年（公元前 221 年），秦统一后，北地郡列入三十六郡，其属县增至 20 个，是北地郡发展的第四阶段。

④ 王国维：《秦郡考》，载于《王国维论学集》，中国社会科学出版社，1996 年，第 134 页。

公元前 206 年，汉高祖刘邦建立西汉，定都长安，西汉承秦制，继续实行郡县制，在全国设 13 个州刺史部。宁夏地区初属北地郡，北地郡属朔方刺史部，共辖 19 县（道），在宁夏境内者有 5 县：呴衍县、富平县、灵州县、灵武县、廉县等。

二、秦汉引黄灌溉工程建设的刍议

秦汉是我国封建社会巩固和发展的历史阶段，秦汉的统一，开创了我国历史上第一个封建大一统的时代，结束了长期分裂的局面，为经济与社会的稳定发展赢得了一个相对有利的条件。具体到农业发展而言，秦汉政治军事一统天下的历史，是农耕区拓展的过程。[1]

秦汉也是我国古代农田水利大规模开发的一个重要时期，汉代大兴水利，在全国各地兴修了一大批灌溉工程，形成中国历史上第二个农田水利的建设高潮。农田水利的发展是以关中地区为中心，如郑国渠、六辅渠、白渠等一系列水利工程，后逐渐向西北、西南地区扩展，前者是前代的延续，后者则是历史的创举。[2]

同时，宁夏是古丝绸之路和多民族聚居的典型区域，是多民族密切交往交流交融之所，也是农耕文明和游牧文明碰撞糅合交汇之地，农耕文明和游牧文明之间相互对抗、相互交流、相互作用、相互联系的特殊关系始终贯穿于宁夏社会历史发展和农业开发之中。

---

① 徐臣攀：《汉唐时期农耕区拓展研究》，陕西师范大学 2016 年博士学位论文，第 79 页。

② 汪家伦、张芳：《中国农田水利史》，农业出版社，1990 年，第 88 页。

对宁夏引黄古灌区进行初步农业开发，兴建水利工程，是始于秦，还是始于汉，目前尚无定论，学界主要有以下几种争论：

第一种观点，秦渠、汉延渠均开凿于秦代。如《宁夏农业地理》认为，秦渠兴建于秦始皇三十三年（公元前214年），汉延渠兴建于秦始皇三十六年（公元前211年）。《宁夏回族自治区经济地理》认为，秦渠的兴建年代定在秦始皇三十四年（公元前213年）。樊志民指出："据宁夏地方志记载，秦曾在银川平原上修建秦渠与北地新渠。秦渠开在青铜峡北口右岸，引河水东北行，达今灵武城北；北地新渠开在黄河左岸，是塞北灌溉农业开发最早的地区之一。"[1]

第二种观点，秦渠始凿于秦，而汉延渠则凿于汉。如郑肇经、胡序威认为，秦渠为秦时所建，汉延渠等修于汉代。[2]

第三种观点，秦渠、汉延渠均开凿于西汉。汪一鸣、卢德明指出，"包头以西至兰州附近之间的黄河沿岸冲积平原到汉武帝时代，才形成一定规模的引黄灌溉管道"，"通渠时间应在汉武帝元狩年间"。[3]陈育宁、景永时、张维慎等亦持此观点。[4]

在前人研究的基础上，笔者认为，秦朝统一六国，宁夏地区虽农业有一定程度发展，但在引黄古灌区兴修水利尚值得商榷，故宁夏地区秦渠、汉渠等渠，最早开凿应始于汉朝。其原

---

① 樊志民：《秦农业历史研究》，三秦出版社，1997年，第96页。

② 郑肇经：《中国之水利》，商务印书馆，1951年，第129页、131页。胡序威等：《西北地区经济地理》，科学出版社，1963年，第105—106页。

③ 汪一鸣、卢德明：《宁夏秦渠的成渠年代》，载于《宁夏文史资料》，第13辑。

④ 陈育宁、景永时：《论秦汉时期黄河河套流域的经济开发》，宁夏社会科学，1989年第5期；张维慎：《宁夏农牧业发展与环境变迁研究》，文物出版社，2012年，第21页。

因如下：

（一）军事方面原因

1. 蒙恬开边

据《蒙恬列传》记载，秦三十二年（公元前215年），秦始皇使蒙恬将三十万众北逐戎狄，收河南。筑长城，因地形，用制险塞，起临洮，至辽东，延袤万余里。于是渡河，据阳山，逶蛇而北。暴师于外十余年，居上郡。是时蒙恬威振匈奴。[①]

蒙恬率领30万大军首先从河北过黄河至河南之地，攻击东胡，与"亡秦者胡也"的奏书相吻合。转而攻向匈奴，并将其斥逐，然游牧民族历来战斗方式是"利则进，不利则退，不羞遁走"，匈奴一时的退却，并不代表军事完全失利，秦朝军事实力也还不足以消灭匈奴，为了巩固开拓的边疆，秦朝从主动进攻转为积极防御。因此一是修筑长城，"用制险塞，起临洮，至辽东，延袤万余里"。秦长城主要是将战国时期秦、赵、燕三国所修筑的长城加固修缮。

二是修筑城池、塞障等工程，构建军事防御体系。秦始皇三十三年（公元前214年），西北斥逐匈奴。自榆中并河以东，属之阴山，以为〔四〕十四县，城河上为塞。又使蒙恬渡河取高阙、（陶）〔阳〕山、北假中，筑亭障以逐戎人。徙谪，实之初县。[②]经过一番战争，乃使蒙恬北筑长城而守藩篱，却匈奴七百余里，胡人不敢南下而牧马，士亦不敢贯弓而报怨。[③]

---

① [西汉]司马迁：《史记》卷八十八《蒙恬列传》，中华书局，2003年，第2565页。

② [西汉]司马迁：《史记》卷六《秦始皇本纪》，中华书局，2003年，第253页。

③ [西汉]司马迁：《史记》卷四十八《陈涉世家》，中华书局，2003年，第1963页。

无论是蒙恬修建亭障的"高阙、（陶）〔阳〕山、北假中"之地，还是临河修建了四十四座城池的榆中并河以东，大致范围主要在内蒙古、陕西、山西之地。内蒙古考古发现证明，在秦长城沿线内侧，分布着许多秦朝修筑或沿用战国时燕、赵等国修筑的城址。在长城、直道和古城遗址及其附近，发现有属于秦代的文物和墓葬。如托克托县哈拉板申西古城、乌海市新地古城、准格尔旗瓦尔吐沟古城等都属于秦代沿黄河修筑的"四十四县城"。在瓦尔吐沟古城遗址采集到 12 件属于秦代的瓦当，古城四周还分布有许多墓葬，出土有秦半两钱、陶罐和公元前 235 年制作的上郡铜戈币。[1]

从上述材料可看出，蒙恬镇守边疆，带领大军长期驻守在上郡，抵御以匈奴为主的北方少数民族的南侵，确保中原地区和平安定。秦在河套地区不断修筑长城、亭障、道路以及徙民，而长城以外的广袤区域实际上是在秦政府实际控制之外，银川平原地区从地理位置上看正好在秦长城之外，属于中原王朝和游牧民族间的缓冲区，相对缺乏安全发展农业的政治环境。从宁夏段秦长城遗址来看，长城主要还是在宁夏南部地区，并没有延伸到银川平原。从考古资料来看，在"今宁夏黄河沿岸、贺兰山麓，均未发现秦长城遗迹。尤其是宁夏中卫市、甘肃靖远县一带，人烟稀少，如果有秦长城，必定会保存下来，但没有任何人发现过这种遗址。反之，固原地区的遗迹是战国秦长城，经历的时间要比秦长城更久，当地居民又较多，人类耕作、战争等活动又频繁，却反而保存至

---

① 张文平：《从九原到五原—包头地区战国秦汉历史与考古若干问题考辨》，《边疆考古研究》，2022 年第 1 期，第 198 页。

今"。^① 由此可知，宁夏黄河以北地区地势较为平坦，在没有长城护佑之下，难以抵御匈奴铁骑的不断侵扰，根本无力发展农田水利，故秦朝在宁夏地区修建秦渠可能性较小。

同时，从秦掠取河南之地，因河为塞，蒙恬被夺兵权，这期间用于治理的时间非常短暂。而秦朝政局的变化，也影响了边防建设，北方游牧民族再度入侵，使短暂安定的西北地区重新陷入混乱。故秦在短短几年时间内，将有限精力和大量财力投入到几乎没有防御体系和耕种基础的宁夏平原地区修建大型水利工程非常值得怀疑。

2. 击破匈奴

秦汉之际，匈奴发展强大，其"东袭击东胡……西击走月氏，南并楼烦、白羊河南王。（侵燕代）悉复收秦所使蒙恬所夺匈奴地者，与汉关故河南塞，至朝那、肤施，遂侵燕、代"。^②重新控制了中国北部、东北部和西北部广大地区，使得刚有起色的广大地区再度沦为匈奴牧马、侵扰之所，农业生产遭到破坏，边地居民纷纷逃离，致使"匈奴得宽，复稍度河南，与中国界于故塞"。^③

元朔二年（公元前 127 年），卫青"遂取河南地，筑朔方，复缮秦时蒙恬所为塞，因河为固"。^④元狩二年（公元前 121 年），匈奴浑邪王与休屠王谋降汉，率四五万人降汉，"陇西、北地、河西益少胡寇"。^⑤元狩四年（公元前 119 年），因"匈奴远遁，

① 鲁人勇、吴忠礼、徐庄：《宁夏历史地理考》，宁夏人民出版社，1993 年，第 16 页。

② ［西汉］司马迁：《史记》卷一百十《匈奴传》，中华书局，2003 年，第 2890 页。

③ ［西汉］司马迁：《史记》卷一百十《匈奴传》，中华书局，2003 年，第 2888 页。

④ ［西汉］司马迁：《史记》卷一百十《匈奴传》，中华书局，2003 年，第 2906 页。

⑤ ［西汉］司马迁：《史记》卷一百十《匈奴传》，中华书局，2003 年，第 2909 页。

而幕南无王庭。汉度河自朔方以西至令居，往往通渠置田官，吏卒五六万人"。元封元年（公元前110年），武帝北上，途经上郡、五原三郡，出长城，北登单于台，至朔方，临北河，巡视北疆。[①]

国家军事活动是发展农田水利工程的首要因素，汉朝经过一系列征伐战役，取得了驱匈奴、取河南、筑朔方的战略成果，扩大和稳定了边疆环境。汉朝对匈奴的军事胜利无论是打击力度、战略成果，还是疆域控制纵深，都远远超过秦朝，将银川平原外围辽阔的河西地区、河南等地区都置于汉朝实际控制之下，银川平原也从朝廷边地转换成了腹地区域，为恢复和发展当地农业经济创造了稳定的政治环境。因此，史书才有了匈奴远遁、朔方通渠置官之记载。

（二）政治方面原因

1. 设置郡县

郡县的设置既是农业开发的保证，同时也是农业发展和人口增殖的一种表现。秦朝时期，宁夏地区隶属于北地郡，且北地郡政区沿革也历战国至秦而有所盈缩，辖20个县之郡，其中统辖之地包含银川平原，但并未在引黄古灌区设立相应的县。说明秦朝银川平原无论从政治、经济、军事地位还是人口规模上均未达到基本的条件和要求，也就缺乏了屯田修水利的客观必要。

元朔二年（公元前127年），汉朝"收河南地，置朔方、五原郡"后，为了加强统治，巩固边地，继续推行郡县制。元鼎三年（公元前114年），汉武帝将北地郡划分为北地郡和安定郡两个郡，宁夏南北部分属于安定郡和北地郡，两郡隶属于凉州刺史部。

---

① [东汉] 班固：《汉书》卷六《武帝纪》，中华书局，2002年，第189页。

西汉为加强宁夏地区的军备边防，还在乌氏县的瓦亭关和朝那县的萧关驻军防守。在富平县的神泉障设北部都尉，在今宁夏原陶乐县西南的浑怀障设浑怀都尉，两地都尉均负责该地及附近军防。另在三水县设属国都尉，负责安置匈奴降者。①

后为了管理民众，汉廷在灌区修筑了几座城堡，元鼎五年（公元前112年），冯参将军担任农都尉，领军民修筑了即南典农城（又称胡城、灵武）、上河城（又称汉城、河西寨）、北典农城（又称饮汉城、吕城、怀远城）和廉县古城等城，后被称为"河西四城"。《水经注》载"河水又径典农城东，世谓之胡城。又北径上河城东，世谓之汉城。薛瓒曰：上河在西河富平县，即此也，冯参为上河典农都尉所治也。河水又北径典农城东，俗名之为吕城，皆参所屯，以事农甽。河水又东北径廉县故城东，王莽之西河亭"。②

2. 移民屯田

在取得军事战略性胜利后，汉朝开始深度治理边地，发展经济。西汉采取了一系列措施，促使宁夏地区的经济开发达到了高潮，在屯田移民、改进农具、兴修水利和谷物增值等方面都有极大的进步，使得"北边自宣帝以来，数世不见烟火之警，人民炽盛，牛马布野"。③

边疆地区地广人稀，农业开发程度不高，边防线漫长，仅靠万里长城来抵御游牧民族的侵袭显然不够，还要驻扎大量军队。汉文帝时，匈奴愈侵，为加强边防，晁错针对守边备塞之事说："令

① ［东汉］班固：《汉书》卷二八《地理志》，中华书局，2007年，第299页。
② ［北魏］郦道元著，陈桥驿校证：《水经注校证》卷三《河水》，中华书局，2020年，第74页。
③ ［东汉］班固：《汉书》卷九四《匈奴传》，中华书局，2002年，第3826页。

远方之卒守塞，一岁而更，不知胡人之能，不如选常居者，家室田作，且以备之"，建议使用"徙民实边"之法，可使"远方无屯戍之事，塞下之民父子相保，亡系虏之患，利施后世，名称圣明"。汉文帝"从其言，募民徙塞下"，[①] 开始向边地移民。

迨武帝大败匈奴，边地安稳，内地开始大规模移民和接收少数民族。元狩二年（公元前 121 年），汉武帝又"徙贫民于关以西及充朔方以南新秦中七十余万口。衣食皆仰给县官"[②]。官府供给粮食、衣服、耕牛、籽种，并开渠灌溉。徙民边生产边戍守，既加强边防，又解决由内地运粮之耗。

元朔元年（公元前 128 年），大臣主父偃建议，"朔方地肥饶，外阻河，蒙恬筑城，以逐匈奴，内省转输戍漕，广中国，灭胡之本也"。这一主张虽遭诸多大臣的反对，然汉武帝力排众议接受主父偃建议，立朔方郡。[③]

元朔二年（公元前 127 年），派卫青部下平陵侯苏建负责修建了朔方城。[④] 在当时条件下，西汉为了与匈奴作战加上修筑朔方城，前后兴十万余人力，转漕甚辽远，自山东咸被其劳，费数十百巨万，府库益虚。于是开始募民能入者，奴婢得以终身复，为郎增秩，及入羊为郎，始于此。[⑤]

元狩三年（公元前 120 年），山东受水灾，往朔方南的新秦中迁徙 70 余万口，衣食皆由县官供给。第二年又徙关中贫民 72

---

① ［东汉］班固：《汉书》卷四九《晁错传》，中华书局，2002 年，第 2286 页。
② ［西汉］司马迁：《史记》卷三十《平准书》，中华书局，2003 年，第 1425 页。
③ ［东汉］班固：《汉书》卷六十四《主父偃传》，中华书局，2002 年，第 2961–2962 页。
④ ［西汉］司马迁：《史记》卷一一一《卫青传》，中华书局，2003 年，第 2923 页。
⑤ ［西汉］司马迁：《史记》卷三十《平准书》，中华书局，2003 年，第 1422 页。

万口到陇西、北地、西河、上郡。

到元鼎六年（公元前111年），上郡、朔方、西河开田官斥塞率众60万人戍田，缮道馈粮，数千里运送①。汉朝北部边疆地区数十万人屯田开边，守卫边疆，出现转输不断的繁荣景象。汉武帝苦心经营包括今宁夏地区在内的北部地区，目的在于对付匈奴，客观上却有力推动了宁夏地区人口的增长与农业经济的迅猛发展及社会进程。②

元狩二年（公元前121年），浑邪王率四五万人降汉，③部分匈奴被安置于汉地，汉朝就在各地设置属国都尉，负责安置匈奴降者，如在三水县设属国都尉就是其中之一。④1983年在宁夏同心县发现李家套子和倒墩子的三十余座汉代匈奴墓，出土千余件文物。⑤汉宣帝五凤三年（公元前55年），汉朝又置西河、北地属国以处匈奴降者。⑥

神爵元年（公元前61年），因上年西羌起事，汉宣帝命安定、北地、陇西、上郡等地骑兵及降羌骑兵进行镇压。事平后，留万

---

① ［东汉］班固：《汉书》卷二十四上《食货志》，中华书局，2002年，第1173页。

② 王绍东：《碰撞与交融—战国秦汉时期的农耕文化与游牧文化》，内蒙古大学出版社，2011年，第328页。

③ ［西汉］司马迁：《史记》卷一百十《匈奴传》，中华书局，2003年，第2909页。

④ ［西汉］司马迁：《史记》卷二八《地理志》，中华书局，2003年，第1615页。

⑤ 乔建军：《宁夏同心县李家套子与倒墩子匈奴墓葬的对比研究》，原载于罗宏才主编：《西部美术考古》，上海大学出版社，2008年，第62-71页。注：乔建军先生认为"倒墩子的墓地年代要早些，其墓葬结构、葬俗及随葬品仍然保留着匈奴文化的传统，与大漠南北的普通匈奴墓葬进行比较，它们之间有很多共同之处；宁夏同心县李家套子墓地是中国境内发现的属于东汉早期的匈奴墓葬，墓主人应该是西汉中晚期归附汉王朝的匈奴人后裔，他们通过约百年的时间与汉人杂居错处，东汉初开始汉化"。

⑥ ［东汉］班固：《汉书》卷八《宣帝纪》，中华书局，2002年，第267页。

余人在边郡屯田，其中一部分羌人便留居宁夏地区。①

总之，秦汉时期向宁夏等西北地区移民的次数非常多，但人数、规模不等。宁夏不仅被作为匈奴安置之所，还是诸羌安置之地，故宁夏南典农城又被称胡城，塞上又成为胡地，因此唐代诗人王维在《使至塞上》中写道：

> 单车欲问边，属国过居延。征蓬出汉塞，归雁入胡天。
> 大漠孤烟直，长河落日圆。萧关逢候骑，都护在燕然。

（三）经济、科技方面原因

1. 经济发展

秦朝统一全国，攘却匈奴，修建长城，以及推行"上农抑末"政策，对宁夏地区进行初步的经济开发，整体上促使宁夏地区经济发展。汉初为了恢复社会生产，稳定封建统治，推行"以农为本"的休养生息政策，文景之世，社会经济趋于繁荣，中央集权制得以巩固和加强。

至汉武帝时，西汉人口增殖，生产发展，货财充足，粮食盈余，马匹成群，"都鄙廪庾皆满，而府库余货财。……太仓之粟陈陈相因，充溢露积于外，至腐败不可食。众庶街巷有马，阡陌之间成群。"②虽然此时的银川平原还在游牧民族的侵扰范围内，无法正常发展农业，但汉朝整体经济实力发展，为后续的军事行动和水利工程建设奠定经济基础。

2. 朔方穿渠

元封二年（公元前 109 年），汉武帝亲率群臣百工堵塞黄河

---

① ［宋］徐天麟：《西汉会要》卷五六《兵一》，中华书局，1998 年，第 561 页。
② ［西汉］司马迁：《史记》卷三十《平准书》，中华书局，2003 年，第 1420 页。

瓠子决口，"用事者争言水利，朔方、西河、河西、酒泉皆引河及川谷以溉田"。①

因武帝重视农业，汉廷黄河治水成功，加之驱逐匈奴的成功，全国农田水利建设风起云涌，形成了我国历史上的第二个高潮和宁夏引黄灌溉工程建设的第一个高潮，使得西北和关中京畿地区成为全国水利开发的重点地区，当然宁夏引黄灌区也成为当时全国有名的灌区。如"汉度河自朔方以西至令居，往往通渠置田官，吏卒五六万人"。②

据考证，汉代宁夏引黄灌区渠道有银川平原河东的秦家渠、汉伯渠、光禄渠、七级渠，河西的汉延渠、尚书渠、御史渠、高渠。对于汉代宁夏引黄灌区的灌溉能力，主要有两种观点：一是认为，经过秦汉两代100余年的开发经营，"宁夏平原形成了第一个引黄河水灌溉的农业区，总灌溉面积达百万亩以上"。二是认为"两汉时期，银川平原的灌溉面积当在50万亩左右"。③

后《史记》记载："其后番系欲省厎柱之漕，穿汾、河渠以为溉田，作者数万人；郑当时为渭漕渠回远，凿直渠自长安至华阴，作者数万人；朔方亦穿渠，作者数万人：各历二三期，功未就，费亦各巨万十数。"④这是关于宁夏平原开渠的较为明确的记录，也正式拉开了宁夏引黄灌区水利建设的序幕。

据《史记》记载，郑当时为大农言曰："异时关东漕粟从渭

① ［东汉］班固：《汉书》卷二十九《沟洫志》，中华书局，2002 年，第 1684 页。
② ［西汉］司马迁：《史记》卷一百十《匈奴传》，中华书局，2003 年，第 2911 页。
③ 张维慎：《宁夏农牧业发展与环境变迁研究》，文物出版社，2012 年，第 32–36 页。
④ ［西汉］司马迁：《史记》卷三十《平准书》，中华书局，2003 年，第 1424–1425 页。

中上，度六月而罢，而漕水道九百余里，时有难处。引渭穿渠起长安，并南山下，至河三百余里，径，易漕，度可令三月罢；而渠下民田万余顷，又可得以溉田：此损漕省卒，而益肥关中之地，得谷。"天子以为然，令齐人水工徐伯表，悉发卒数万人穿漕渠，三岁而通。通，以漕，大便利。其后漕稍多，而渠下之民颇得以溉田矣。[1]

河东守番系言："漕从山东西，岁百余万石，更砥柱之限，败亡甚多，而亦烦费。穿渠引汾溉皮氏、汾阴下，引河溉汾阴、蒲坂下，度可得五千顷。五千顷故尽河壖弃地，民茭牧其中耳，今溉田之，度可得谷二百万石以上。"天子以为然，发卒数万人作渠田。数岁，河移徙，渠不利，则田者不能偿种。久之，河东渠田废，予越人，令少府以为稍入。[2]

汉初在朔方地区修筑引黄灌溉水利工程应非常浩大，仅人力就达数万人，我们虽不知朔方穿渠具体工程规模，水工为何人，又是何人提出朔方穿渠。但与同期的河东太守番系穿渠引水以灌皮氏县，大农令郑当时引渭水穿渠等工程被同时载于史册，被列为水利工程典型，且言耗费巨大，仅二三期，"功未就，费亦各巨万十数"，足见若非以国家之人力、物力、财力进行修建，根本无法启动朔方穿渠之水利工程。汉代若干水利工程的修筑，极大地推动了宁夏地区农业的发展，也形成了宁夏引黄灌区水利建设的第一个高峰期。

反观整个中国农田水利史对秦王朝农业的研究，除了修灵渠、

---

① [西汉] 司马迁：《史记》卷二十九《河渠书》，中华书局，2003年，第1409–1410页。

② [西汉] 司马迁：《史记》卷二十九《河渠书》，中华书局，2003年，第1410页。

疏鸿沟之外，鲜有涉及水利工程修建的记载和论著，而这些水利工程的兴修虽客观上促进了农业发展，但其初衷却是为了军事目的，足见秦朝在农田水利方面建设显然没有投入太多的精力，在此政治环境下宁夏地区能否兴修水利工程也值得我们怀疑。

3. 农业工具

汉武帝多次向包括宁夏平原在内的河南地移民，使得宁夏平原的农业人口迅速增加，这就为宁夏平原水利灌溉事业的发展提供了充足的劳动力。"上郡、朔方、西河、河西开田官，斥塞卒六十万人戍田之"。[1]尤其是大量被谪戍居民的迁入，一方面守卫边疆地区的安全，一方面对边疆地区的土地进行屯垦，极大地促进了宁夏地区农业生产的发展。这些徙民带来了先进的生产工具和生产经验，对内地先进生产方式在宁夏地区的传播和落地起到了非常大的促进作用。（图2-1至图2-3）[2]

图2-1　汉代绥德王德元墓牛耕画像石[3]

图2-2　汉代米脂出土牛耕画像石

---

[1] ［西汉］司马迁：《史记》卷三十《平准书》，中华书局，2003年，第1439页。
[2] 李澜著：《宁夏回族自治区经济史》，山西经济出版社，2016年，第7页。
[3] 李林等：《陕北汉代画像石》，陕西人民出版社，1995年，第60页。

图2-3　汉代宁夏盐池出土铁牛

　　战国时期铁制工具和牛耕已经开始普遍使用，提高了生产效率，促进了耕地面积的扩大，其中铁制工具的使用极大地提高了水利工程的修建速度，成为秦汉社会经济快速发展的前提条件。《汉书·食货志》记载："用耦犁，二牛三人，一岁之收常过缦田晦一斛以上，善者倍之。"[①]根据考古发掘，汉代在内蒙古、陕西地区都出土了牛耕图画像石，大多是二牛抬杠式，即两头牛抬着犁衡，挽拉一张长辕犁，扶犁的一个人同时驱赶着耕牛进行耕作，这是汉代牛耕通常的基本形式。从犁架结构、犁铧、畜力牵引三方面看，汉代犁耕已经基本定型。后世犁耕都是在此基础上的改进和发展。[②]如1971年，陕西省米脂东汉画像石墓出土的二牛抬杠农耕门柱画像石，是二牛抬杠单直辕犁、一人驭犁耕作方式的场景。宁夏银川平吉堡地区的一座汉墓中就曾出土过数件木牛、陶牛制品，以及殉葬牛马，说明该地区牛马较为普遍。[③]

　　宁夏平原地区几乎没有发现秦朝墓葬，即使汉代墓葬也不多

①［东汉］班固：《汉书》卷二十四《食货志》，中华书局，2002年，第1139页。
②张振新：《汉代的牛耕》，《文物》，1977年第8期，第57–62页。
③宁夏博物馆：《银川附近的汉墓和唐墓》，《文物》，1978年第8期，第89页。

见。在出土的铁制农具中，除犁铧之外，还有铲、锸、镢等，这些农具形制基本相同，但大小略有差异。1972 至 1983 年宁夏吴忠市关马湖汉墓出土陶俑，高约 38.5 厘米，宽约 13.7 厘米。这两件立俑为合模制成，帻帽长袍，宽袖下垂，双手执一耒耜，合抱于腹前，昂首直立，通体有施朱痕迹。在古代耒耜也用做农具的统称。该立俑手执耒耜，表明耒耜在汉代宁夏地区已是水利建设和农耕生产中必不可少的农具（图 2-4、图 2-5）。

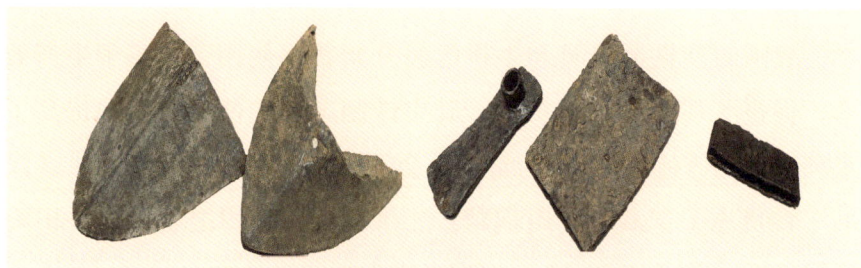

图 2-4　彭阳县交岔乡大坪村马台出土汉代铁铧、铁锸、铁锄等

图 2-5　宁夏吴忠市关马湖汉墓出土彩绘陶立俑

三、动荡的东汉时局与引黄灌溉的短暂恢复

西汉末年，王莽篡汉，引起绿林、赤眉农民起义，当起义军被迫退出长安，引兵而西，曾劫掠安定、北地一带筹措粮饷。[①]后天水隗嚣和五原卢芳等相继发动战争，对宁夏地区影响甚大。东汉建武五年（公元29年），卢芳勾结匈奴建都九原，掠夺五原、朔方等五郡，设置守令，屡寇边地，边民逃亡，水利废弛，农业荒废。[②]直到后汉光武初年仍是一番萧条、破败的景象。

后汉光武帝建武二十二年（公元46年），由于"乌桓击破匈奴，匈奴北徙，幕南地空"[③]，右奥鞬日逐王比自称呼韩邪单于，率四五万人降汉，屯居五原、云中等地一带，史称南匈奴。[④]

建武二十六年（公元50年），"云中、五原、朔方、北地、定襄、雁门、上谷、代八郡民归于本土。遣谒者分将弛刑，补理城郭。发遣边民在中国者，布还诸县，皆赐以装钱，转输给食。"[⑤]宁夏地区曾短暂迎来安定的环境，农业水利略有恢复。

章和元年（公元87年），北庭大乱，屈兰、储卑等五十八部，口二十万，胜兵八千人，诣云中、五原、朔方、北地降。[⑥]

永初五年（公元111年），丁零羌寇河东，遂至河内，无奈下，汉廷被迫将北地郡治迁往池阳，安定郡治迁至美阳。[⑦]不断的战乱

---

① ［南朝］范晔：《后汉书》卷十一《刘盆子传》，中华书局，2003年，第483页。
② ［南朝］范晔：《后汉书》卷十二《卢芳传》，中华书局，2003年，第506页。
③ ［南朝］范晔：《后汉书》卷一《光武帝纪》，中华书局，2003年，第75页。
④ ［南朝］范晔：《后汉书》卷一《光武帝纪》，中华书局，2003年，第75–76页。
⑤ ［南朝］范晔：《后汉书》卷一《光武帝纪》，中华书局，2003年，第78页。
⑥ ［南朝］范晔：《后汉书》卷七九《南匈奴传》，中华书局，2003年，第2951页。
⑦ ［南朝］范晔：《后汉书》卷五《孝安帝纪》，中华书局，2003年，第216页。

和民族间的不断碰撞摩擦，使得引黄古灌区水利工程也被毁坏殆尽，百姓居无宁日，四散奔逃。

永建四年（公元129年），羌族起义被镇压，尚书仆射虞诩上疏"《禹贡》雍州之域，厥田惟上。且沃野千里，谷稼殷积，又有龟兹盐池以为民利。水草丰美，土宜产牧，牛马衔尾，群羊塞道。北阻山河，乘厄据险。因渠以溉，水舂河漕。用功省少，而军粮饶足"[1]。汉顺帝决定"复安定、北地、上郡归旧土"（图2-6）。[2]

▶ 瓦当铭文：永建五年（公元130年），汉德隆兴，复北地，县灵州，夷狄服，戎伐休。（沈浩注、马孟龙：《甘肃环县发现的东汉纪年记事瓦当铭文考释》，《文物》2021年第4期，第60页。）

图2-6　汉永建五年瓦当

东汉政府为了发展宁夏农业，加强边防，保证粮食供应，继续大力推行浚渠屯田的措施。永建四年（公元129年），顺帝接受仆射虞诩的建议，不但恢复三郡郡治归旧土，并"使谒者郭璜督促徙者，各归旧县，缮城郭，置候驿。既而激河浚渠为屯田，省内郡费岁一亿计。遂令安定、北地、上郡及陇西、金城常储谷粟，令周数年"。[3] 这说明，至迟在永建四年，宁夏引黄灌区已经有了"激河"工程。所谓的"激河"工程，就是用船载石头到河中间，

① ［南朝］范晔：《后汉书》卷八七《西羌传》，中华书局，2003年，第2893页。
② ［南朝］范晔：《后汉书》卷六《孝顺帝纪》，中华书局，2003年，第256页。
③ ［南朝］范晔：《后汉书》卷八七《西羌传》，中华书局，2003年，第2893页。

把石头沉入水中，形成潜水坝，用来抬高渠口水位，增大入渠水量。这表明东汉时期宁夏水利技术已达到新的高峰。因为激河之法需要把石头沉到预定位置，需要一定的技巧和水文知识才能做到。古代时期宁夏引黄灌区无坝引水的主要渠道，都采用这种方法引水，群众称之为"引水坝"，又名"迎水坝"。[①]

永和六年（公元 141 年），羌族再次起义，汉朝又将北地郡治迁往冯翔，安定郡治迁往扶风。此后，东汉政府无力恢复两郡政权建制。[②]据《后汉书》载：东汉初年，"安定、北地、上郡流人避凶饥者，归之不绝"[③]。又载：东汉末年，由于长年对羌战争，"边民死者不可胜数"[④]。战争不仅使宁夏引黄古灌区人口锐减，劳动力减少，也使得秦汉以来经营的北方农田水利事业遭受严重破坏，农业凋敝，饥荒连年，不少地方出现"千里无人烟"与"白骨蔽平原"的悲惨景象。

第二节　魏晋南北朝时期引黄灌溉的曲折发展

一、建置沿革

三国时期（公元 220—265 年），宁夏地区归曹魏统治，但实际上曹魏只在宁夏南部设高平、朝那、乌氏三县，均属雍州安定郡所辖。对于宁夏引黄古灌区，曹魏政府始终没有实施有效的统治。

① 黄河志编纂委员会编:《黄河志》卷七《黄河防洪志》，河南人民出版社，2017年，第 455 页。

② ［南朝］范晔:《后汉书》卷六《孝顺帝纪》，中华书局，2003年，第 271 页。

③ ［南朝］范晔:《后汉书》卷二三《窦融传》，中华书局，2003年，第 797 页。

④ ［南朝］范晔:《后汉书》卷八七《西羌传》，中华书局，2003年，第 2891 页。

公元 265 年，司马氏废魏，建立西晋王朝（公元 265—317 年），并先后灭汉、吴，暂时统一全国。西晋时期，宁夏地区的政治形势基本与魏相同：朝那、乌氏二县仍旧，唯省高平而另置都卢县。

二、五胡十六国

五胡十六国（公元 304—439 年）是中国历史上一段由统一走向分裂的时期。北方先后出现了匈奴、鲜卑、羯、氐、羌等少数民族建立的前赵、后赵、前秦、后秦等政权，这些政权主要控制宁夏南部地区，没有过多地对宁夏引黄灌区进行管理和建设，控制宁夏全境的则是匈奴赫连勃勃建立的大夏。

由于政权的不断更迭、战争的影响和人口的频繁迁徙，两汉时期在宁夏平原建立的引黄灌溉系统遭到彻底破坏，即"水利设施全部毁坏，灌溉农业彻底破产"。[1]为了恢复生产，各少数民族政权不同程度向农业经济倾斜，开始农、牧兼营。如前秦时期，"农业在社会经济中所占的比重明显增加"，但到了十六国后期，多次开展的大规模战争，使得社会经济再次遭到严重的破坏。

直到赫连勃勃建立的大夏政权（公元 406—431 年）定都统万城，其疆域"南阻秦岭，东戍蒲津，西收秦陇，北薄于河"，[2]将宁夏全境完全囊括其中，相对统一的政权促进宁夏地区农业发展。《水经注》载："河水又北，薄骨律镇城在河渚上，赫连果城也。桑果余林，仍列洲上。但语出戎方，不究城名。访诸耆旧，咸言……骏马死此，取马色以为邑号，故目城为白口骝，……遂仍今称，

---

① 杨新才等：《宁夏古代农业考略》，《古今农业》，1994 年第 4 期，第 55 页。

② ［清］顾祖禹撰，贺次君、施和金点校：《读史方舆纪要》卷三《历代州域形势》，中华书局，2012 年，第 145 页。

所未详也。"① 此外还有饮汗城，而"怀远县，本名饮汗城，赫连勃勃以此为丽子园。后魏给百姓，立为怀远县"。②

相对于宁夏南部来说，宁夏北部因战事较少而成为大夏的后方生产基地，不仅"黄河绿洲上的农业生产照常进行"，而且"园艺事业也有了发展"③。大夏时期宁夏农业经济虽已缓慢回升，但大夏立国毕竟只有 20 余年，其经济发展的较好时期也不过 10 余年时间，因而宁夏农业经济仍远未恢复到两汉时期的水平。

北魏灭掉大夏，统一北方，结束北方地区长达 200 余年的割据争战局面，生活在北方的各族人民，通过长时期的共同斗争，出现了民族大融合的趋势。一些少数民族逐渐改变原来的游牧生活，与汉族人民一起成为农业居民。为了加强对各族人民的统治，保证封建政府的财政收入，北魏孝文帝太和九年（公元 485 年）颁布了均田令，调整土地占有关系，以推动北方农业生产的恢复和发展。均田制实行以后，北方农民的生产和生活比较稳定，原先因十六国混战所造成的土地荒芜现象有所改变，大量的荒地重新被开垦出来。于是，适应农业生产的需要，修复惨遭破坏的北方农田水利事业受到人们的重视。

北魏后期，政治腐败，卖官鬻爵，贿赂公行，起义、战争再次爆发。公元 535 年，东魏和西魏为争夺宁夏平原发动战争，西魏发兵围灵州，引水灌城，"迁其豪帅于咸阳"，而灵州刺史曹

---

① ［北魏］郦道元著，陈桥驿校证：《水经注校证》卷三《河水》，中华书局，2020 年，第 74 页。

② ［唐］李吉甫撰，贺次君点校：《元和郡县图志》卷四《关内道四》，中华书局，1983 年，第 95 页。

③ 杨新才等：《宁夏古代农业考略》，《古今农业》，1994 年第 4 期，第 55 页。

泥亦"拔其建户五千"。① 双方战争，甚至决渠灌城，一方面说明此时的灵州城外引黄灌渠仍在使用，同时也对原有的水利工程造成了极大的破坏。

公元 556 年，宇文觉废西魏而自立，改国号为周，史称北周。北周统治宁夏地区的 20 余年间，基本上无战事，社会比较稳定，农业经济又有短暂恢复。② 建德三年（公元 574 年），迁二万户于灵州及怀远县等地。据《太平寰宇记》记载：宣政二年（公元 579 年），北周俘获陈将吴明彻及其部将 3 万人，"迁其人于灵州。其江左之人崇礼好学，习俗相化，因谓之塞北江南。"北周将"江左"之人移入灵州，带来了江南经营农业的技术和先进的文化习俗，融入当地居民之中，很快改变了宁夏地区的经济面貌和社会习俗。

三、刁雍与艾山渠

（一）薄骨律镇

薄骨律镇乃西汉惠帝四年（公元前 191 年）所建，称北地郡灵洲县。颜师古注"水中可居曰洲，此地在河渚之中，随水上下，未尝沦没，故号灵洲"。这里有"河奇"与"号非"两苑，为畜养军马基地，东汉改"灵洲"为"灵州"。③ 大夏赫连勃勃时，《水经·河水注》记载："城在河渚上，赫连果城也。桑果余林，仍

---

① ［唐］令狐德棻、［元］胡三省注：《周书》卷一《文帝纪一》，中华书局，2003 年，第 13 页。

② ［宋］乐史撰，王文楚等点校：《太平寰宇记》卷三六《关西道十二·灵州》，中华书局，2007 年，第 4677 页。

③ ［清］顾祖禹撰，贺次君、施和金点校：《读史方舆纪要》卷六二《陕西》，中华书局，2012 年，第 2949 页。

列洲上。但语出戎方，不究城名。"①《元和郡县图志》卷四曰：
"汉时为富平县之地……其城赫连勃勃所置果园，今桃李千余株，
郁然犹在。"②

北魏太延二年（公元436年），太武帝拓跋焘设薄骨律镇，
将其升级为州郡级，为北魏北方九大军镇之一，具有十分重要的
军事战略地位。既有利于防止柔然对北魏内地的侵扰，巩固边境
地区的安宁，又可防御和镇压各族人民的反抗，加强军事控制。

故太平真君五年（公元444年），刁雍被授予薄骨律镇的镇
将时曾言："臣蒙宠出镇，奉辞西藩，总统诸军，户口殷广。又
总勒戎马，以防不虞，督课诸屯，以为储积。夙夜惟忧，不遑宁
处。"③奏疏中言明了军镇防御、威慑的军事作用，此时的薄骨律
镇，人口繁众，农业发展良好，在薄骨律镇南六十里有薄骨律渠，
溉田一千余顷。④

（二）艾山渠

1. 艾山渠的兴建

太平真君五年（公元444年）四月，太武帝拓跋焘任命豫州
刺史、征南将军刁雍为薄骨律镇镇将。刁雍到任之初就巡查军务，
调研水利，他发现薄骨律镇的农业现状"时以夏中，不及东作。
念彼农夫，虽复布野，官渠乏水，不得广殖。乘前以来，功不充课，

---

① ［北魏］郦道元著，陈桥驿校证：《水经注校证》卷三《河水》，中华书局，
2020年，第75页。

② ［唐］李吉甫撰，贺次君点校：《元和郡县图志》卷四《关内道四·灵州》，
中华书局，1983年，第91页。

③ ［北齐］魏收：《魏书》卷三八《刁雍传》，中华书局，2003年，第867页。

④ ［唐］李吉甫撰，贺次君点校：《元和郡县图志》卷四《关内道四》，中华书
局，1983年，第94页。

兵人口累，率皆饥俭。略加检行，知此土稼穑艰难"。

通过考察，刁雍分析了造成"官渠乏水"的原因，进行了渠口选址、渠首筑坝、干渠路线等设计，并上奏朝廷，提出："观旧渠堰，乃是上古所制，非近代也。富平西南三十里，有艾山，南北二十六里，东西四十五里，凿以通河，似禹旧迹。其两岸作溉田大渠，广十余步，山南引水入此渠中。计昔为之，高于水不过一丈。河水激急，沙土漂流，今日此渠高于河水二丈三尺。又河水浸射，往往崩颓。渠溉高悬，水不得上。虽复诸处按旧引水，水亦难求……今艾山北，河中有洲渚，水分为二。西河狭小，水广百四十步。臣今求入来年正月，于河西高渠之北八里，分河之下五里，平地凿渠，广十五步，深五尺，筑其两岸，令高一丈。北行四十里，还入古高渠，即循高渠而北，复八十里，合百二十里，大有良田。计用四千人，四十日功，渠得成讫。所欲凿新渠口，河下五尺，水不得入。今求从小河东南岸斜断到西北岸，计长二百七十步，广十步，高二丈，绝断小河。"①

由于其设计周密，施工方案切实可行，预算效益明显，立即得到朝廷的批准，诏曰："卿忧国爱民，知欲更引河水，劝课大田。宜便兴立，以克就为功，何必限其日数也。有可以便国利民者，动静以闻。"

2. 艾山渠的相关问题

（1）艾山渠的名称

艾山渠是指北魏时修建的引黄河水灌溉农田的水利工程，渠首位于今宁夏回族自治区青铜峡市青铜峡镇，修建主持人是薄骨

---

① ［北齐］魏收：《魏书》卷三八《刁雍传》，中华书局，2003年，第867-868页。

律镇将刁雍。当时的文献没记下此渠的确切名称，只说渠道位于艾山之下，唐李吉甫《元和郡县图志》称之为艾山旧渠，"后魏刁雍为薄骨律镇将，上表请开富平西三十里艾山旧渠，通河水，溉公私田四万余顷，人大获其利。"[1]宋《太平寰宇记》中正式称为艾山渠，"艾山渠，后魏刁雍为薄骨律镇将，重开石渠通河，溉田四万顷，人今赖之。"[2]清代周春所撰《西夏书》载，"黄河环绕灵州，其古渠五：一秦家渠，一汉伯渠，一艾山渠，一七级渠，一特进渠，与夏州汉源、唐梁两渠毗接，余支渠数十，相与蓄泄河水。"[3]

（2）艾山渠的水利技术

在太武帝下诏后，刁雍开始修建水利工程，艾山两侧管道因黄河变迁，"渠身高出河床两丈"，无法引水灌溉，于是他主持重建灌区的工作，工程的重点在于重新选择渠口和兴修干渠。

一是渠口选址。据《魏书·刁雍传》载，艾山渠渠口选择于古高渠渠首遗址之北八里，汉河分支以下五里处，应该位于艾山之北侧，原文曰"山南引水入此渠中"，把古高渠渠首定于艾山之南，显然不太准确。黄河出艾山谷口后，因地形下降且开阔，水流变缓，携带的泥沙就有部分淤积下来，形成河中沙洲，导致河流分道，沙洲西边的河道较窄，仅宽一百四十步（当时一步等于六尺）。这为引水提供了便利。新渠口就选在西股汉河上，位

---

① ［唐］李吉甫撰，贺次君点校：《元和郡县图志》卷四《关内道四·灵州》，中华书局，1983年，第93页。

② ［宋］乐史撰，王文楚等点校：《太平寰宇记》卷三六《关西道十二·灵州》，中华书局，2007年，第763页。

③ ［清］周春撰，胡玉冰校：《西夏书校补》卷六《毅宗》，中华书局，2014年，第583页。

于分汊处下游五里，也是艾山北侧古高渠渠首遗存以下八里。

二是渠首筑坝。刁雍还在下游修坝横断狭小的西股汊河，这样因势利导，可把西汊河的流水全部壅入渠道。这种利用分河沙洲作导流堰的原理与都江堰的引水方式极为相似。渠首拦河坝从西汊河东南岸斜向西北岸，有利于导水。拦河坝"从小河东南岸斜断到西北岸，计长二百七十步，广十步，高二丈，绝断小河"。

三是渠系修建。在得到朝廷批准后，此项方案应该基本按原定计划实施。兴修艾山渠主体工程共分两个阶段，首先是干渠的修建，干渠宽十五步，深五尺，两岸筑堤高一丈。新渠开挖四十里后，下游就和古代的管道相衔接，应该尾入于下游的黄河。从干渠中引水输向田地进行浇灌的支渠、分渠等配套设施当然也应随之陆续建成，估计是各受益农民或屯田军卒自己修建的。至此，整个艾山渠灌溉系统全部完成。①

（3）艾山渠的灌溉面积

太平真君六年（公元 445 年）春，艾山渠开始动工，经过军民六十天左右的顽强奋战，大渠顺利完成，"管道四十里，下接古高渠，长一百二十里"。镇将刁雍亲自督课屯垦，粮食即大丰收。艾山渠的建成，不仅使得薄骨律镇成为北魏生产粮食的大粮仓，名扬北魏朝野，而且有许多余粮可以支持外地。②

按照记载，艾山渠"小河之水，尽入新渠，水则充足，溉官私田四万余顷。一旬之间，则水一遍，水凡四溉，谷得成实。官课常充，民亦丰赡"。从刁雍所言来看，当时引黄古灌区已经采

---

① 李令福：《论北魏艾山渠的引水技术与经济效益》，《中国农史》，2007 年第 3 期，第 11–19 页。

② 周魁一：《农田水利史略》，水利电力出版社，1986 年，第 55 页。

用轮灌方法。这种方法可以保证良好的用水秩序，使渠道远端也能得到灌溉，实现公平用水。汉代倪宽首次"定水令以广溉田"制定了灌溉制度，① 唐代《唐六典》明确规定"凡用水，自下始"、②"先稻后陆"的轮灌顺序。③ 艾山渠的轮灌制也具有承上启下的作用，显示出北魏时代用水管理水平的提高。

对于艾山渠灌溉面积，学界评论不一，卢德明先生认为："按60 千米长的干渠溉田 4 万余顷，似不可能，疑记载有误。"徐安伦等认为："时至今日宁夏平原尚未达到此数。故刁雍所说绝对不可能实现的。"④

杨新才先生认为："刁雍修复的河西古高渠，渠道长度和流量没有超过汉代的水平。从青铜峡峡口北行 120 里，其间能自流灌溉的国土面积不超过 60 万亩。在渠数量未变，引水量没有增加，又无土地资源的条件下，依靠长 120 里的一条渠道灌溉 400 万亩地是绝对不可能的。刁雍奏报中'溉官私田四万余顷'的说法，正好与引黄灌区可以自流灌溉的面积相等。这一数据可能是《魏书》的作者为刁雍立传时，将宁夏平原可以自流灌溉面积当作古高渠的实际灌溉面积载入史册而使北魏时期的实际灌溉面积阙载。"⑤

---

① ［东汉］班固：《汉书》卷五十八《倪宽传》，中华书局，2002 年，第 2630 页。
② ［唐］李林甫等撰，陈仲夫点校，《唐六典》卷七《尚书工部》，中华书局，2008 年，第 226 页。
③ ［宋］欧阳修、宋祁撰：《新唐书》卷四十八《百官志》，中华书局，2003 年，第 1276–1277 页。
④ 李令福：《论北魏艾山渠的引水技术与经济效益》，《中国农史》，2007 年第 3 期，第 11–19 页。
⑤ 杨新才：《关于古代宁夏引黄灌区灌溉面积的推算》，《中国农史》，1999 年第 3 期，第 93 页。

（三）修建粮仓

薄骨律镇至沃野镇由于道路多为沙漠，军用物资运输极度艰难。太平真君七年（公元 446 年），刁雍再次上表曰：

奉诏高平、安定、统万及臣所守四镇，出车五千乘，运屯谷五十万斛付沃野镇，以供军粮。臣镇去沃野八百里，道多深沙，轻车来往，犹以为难。设令载谷，不过二十石，每涉深沙，必致滞陷。又谷在河西，转至沃野，越度大河，计车五千乘，运十万斛，百余日乃得一返，大废生民耕垦之业。车牛艰阻，难可全至，一岁不过二运，五十万斛乃经三年。……臣镇内之兵，率皆习水。一运二十万斛。方舟顺流，五日而至，自沃野牵上，十日还到，合六十日得一返。从三月至九月三返，运送六十万斛。计用人功，轻于车运十倍有余，不费牛力，又不废田。

太武帝诏曰："知欲造船运谷，一冬即成，大省民力，既不费牛，又不废田，甚善。非但一运，自可永以为式。"朝廷为保证北部边镇军粮供应，下令"高平、安定、统万和薄骨律四镇，出车五千乘，运谷五十万斛到沃野镇"，刁雍请求改用沿黄河水运的想法，得到了魏太武帝的赞赏，并将此定为永式。刁雍大兴水路运输，不仅解决军粮运输问题，还开创黄河上游大规模水运历史。

太平真君九年（公元 448 年），刁雍又奏请筑仓城以储屯垦之粮。表曰：平地积谷，实难守护。兵人散居，无所依恃。脱有妖奸，必致狼狈。虽欲自固，无以得全，今求造城储谷，置兵备守。镇自建立，更不烦官。又于三时之隙，不令废农岁、二岁不讫，三岁必成。

北魏太武帝不仅批准了刁雍"建仓城"的奏表，造城储谷，置兵备守，且称赞他："深思远虑，忧勤尽思，知城已周讫，边境无不虞之忧，千载有永安之固，朕甚嘉焉。即名此城为刁公城，以旌尔功也。""刁公城"从此闻名，后人也称薄骨律仓城，仓城的兴建在当时有极大的军事意义。[①]

诚如高敏先生所说："它除了对恢复与发展北方的农业生产、解决北魏政权的军粮问题和巩固边防等起过重要作用外，更重要的还在于它对促进拓跋族逐步放弃以游牧为特点的畜牧业经济，而迅速走上以定居为特点的农业经济的道路，起了杠杆般的作用。"[②]

第三节　隋唐时期引黄灌溉的发展

一、建置沿革

北周大定元年（公元 581 年），杨坚建立隋朝统一全国，结束了自西晋末年以来中国长达近 300 年的分裂局面。隋大业三年（公元 607 年）并省诸州，改州为郡，存郡、县两级，在宁夏境内者主要有平凉、灵武二郡：平凉郡统宁夏境内的平高、百泉、默亭 3 县；灵武郡统 6 县，即回乐县、弘静县、怀远县、灵武县、鸣沙县、丰安县，皆在今宁夏境内。另外今宁夏东部之盐池县属当时之盐川郡管辖，今宁夏南部之小部地区属当时之安定郡管辖。[③]

皇泰元年（公元 618 年），唐国公李渊建立唐朝，唐朝次第消灭群雄割据势力，统一全国，建立中国封建社会盛极一时的王

---

① ［北齐］魏收：《魏书》卷三八《刁雍传》，中华书局，2003 年，第 867-868 页。
② 高敏：《魏晋南北朝社会经济史探讨》，人民出版社，1987 年，第 242-243 页。
③ 鲁人勇等：《宁夏历史地理考》，宁夏人民出版社，1993 年，第 71-79 页。

朝。唐朝把全国疆域分为 10 道，今宁夏地区属关内道。分别在今宁夏北部地区，设灵州、领回乐、灵武、鸣沙、怀远、保静、温池 6 县，后又于灵州置朔方节度使，统七军府，其中经略军、丰安军、定远军在今宁夏境内；在今宁夏南部地区，设原州，并领平高、百泉、萧关、平凉 4 县。除灵州、原州外，尚有部分地属盐州，小部分地属会州、陇州。至安史之乱以后，今宁夏地区除灵州、原州、盐州外，又增置威州、警州、雄州等。[①]

　　唐时关内道地区，在隋大业中约有户 904502，其中安定、北地、上郡、延安、弘化等郡各在 5 万—7.6 万户上下，盐川、五原、榆林等郡人户稀少。唐初关内诸州共有户 398066，口 174 万余；[②] 玄宗开元中约达 71 万余户，天宝十一载至 81 万余户，宪宗元和年间着籍户仅存 28 万余。其中灵州人口，唐贞观年间约为 4640 户，开元年间约为 9606 户，天宝年间约为 11456 户。[③] 唐初关内道的人口分布，主要呈放射性扩散：京兆长安最密集，北部的银、夏、灵、盐诸州人户则相对稀少。开元、天宝时期，关内道着籍户口有较大增长，实际户口恐同样增长。据史料记载，延、丹、灵、绥诸州也都到万户以上，原地广人稀的土地上人口也逐渐稠密。安史之乱后，关内道户口耗减大半，然灵州因肃宗登基等原因，人口反而有所增加。

---

　　① 鲁人勇、吴忠礼、徐庄：《宁夏历史地理考》卷十《唐朝》，宁夏人民出版社，1993 年，第 80–128 页。

　　② 翁俊雄统计，隋大业五年民户分布统计，其中关内道 15 郡，895605 户；唐贞观十三年 24 州，397950 户。翁俊雄：《唐初政区与人口》，北京师范大学出版社，1990 年，第 59 页。

　　③ 冻国栋：《中国人口史》（隋唐五代时期），复旦大学出版社，2002 年，第 213–214 页。翁俊雄：《唐初政区与人口》，北京师范大学出版社，1990 年，第 115 页。

二、唐代宁夏引黄灌溉的发展

唐代是中国最强盛的时代之一，盛唐时期农田水利事业得到了很大发展。唐代黄河流域农田水利事业的整体发展过程主要历经三个阶段：唐朝初期水利工程高速发展阶段，大部分工程都是在这一时期修缮的；安史之乱后，黄河流域水利事业逐步停滞，南方水利工程继续发展；至唐朝末年，藩镇割据，农民起义，长期处于战乱之中，社会经济遭到破坏，唐朝极度兴盛的农田水利事业开始逐步走向衰落。据有关统计来看，唐代关内道水利工程25处，安史之乱前有13处；河东道水利工程17处，安史之乱前有16处；河南、都畿道水利工程11处，安史之乱前有10处。[①]然而，唐代宁夏平原地区的农田水利却呈现出完全不同于其他地方的发展阶段和特点。

1. 唐朝前期宁夏水利缓慢发展

水利兴则百业兴，水利兴则民心安，水利兴则国家稳，而国家稳定更是水利事业兴盛的前提。唐朝一度兴盛，除了河南以外，其他各省的治水活动都获得了空前增长，特别是除云南外的南方各省，都有大幅增长。[②]然而复杂的政治环境和民族关系，使得唐朝前期宁夏水利事业发展缓慢，治水活动没有像其他地域那样空前兴盛。

一是梁师都之乱。

[①] 程有为：《黄河中下游地区水利史》，河南人民出版社，2007年，第122-123页。范文澜先生在《中国通史简编》中，将唐朝分为3个时期，即：前期（618—714）；中期（715—820）；后期（821至907年唐朝灭亡）。

[②] 冀朝鼎：《中国历史上的基本经济区》，商务印书馆，2019年，第45页。

隋末割据势力梁师都世代为朔方望族，隋大业十三年（公元617年）起兵造反，号为梁国，迨唐朝建立，不断与突厥勾结，侵扰中原，烽火连续遍布北疆，宁夏地区长期不得安宁，无暇发展经济。武德二年（公元619年）三月庚午，梁师都率众进攻灵州，为灵州长史杨则击走之。

武德五年（公元622年）冬，梁师都联合颉利可汗率十五万骑进入雁门关，包围灵州，入五原，自此突厥之寇频至，边州略无宁岁。武德七年（公元624年），突厥举国入寇唐朝，从原州逼关中。武德八年（公元625年）秋，突厥寇灵州，大将军张瑾与战太谷，全军皆没。瑾仅以身免，灵州都督王道宗击破虏兵，颉利遣使请和而退。

贞观三年（公元629年），大同道行军总管助李靖破虏，亲执颉利可汗。[①] 至此，宁夏平原地区才重新进入了社会稳定和经济发展期。

二是突厥叛乱。

天授初年（公元690年）突厥骨咄禄叛变唐朝，烽烟再起。不久，骨咄禄之弟默啜趁机摆脱骨咄禄的控驭，自立为突厥可汗。长寿二年（公元693年）腊月甲戌，默啜寇灵州。后默啜便连年向唐朝的北部边境发动侵掠，胜、夏、灵等州尤受其害，获得安定不久的宁夏地区又陷入战火之中。

神龙二年（公元706年）十二月，突厥默啜寇鸣沙，灵武军大总管沙咤忠义与战，军败，死者六千余人。丁巳，突厥进寇原、会等州，掠陇右牧马万余匹而去。在突厥儒尼文碑铭《阙特勤碑》

---

① ［宋］欧阳修、宋祁撰：《新唐书》卷七八《江夏王道宗传》，中华书局，2003年，第3515页。

中记载：“当他二十一岁时，我们与沙咤将军交战。最初，他（指阙特勤）骑啜的灰马进击，该马在那里死了。第二次骑始波罗的灰马进击，该马在那里死了。第三次骑带有马衣的栗色马进击，该马在那里死了。他的甲胄和披风上中了一百多箭，（但）未让一箭中其面部和头部……突厥诸官，你们都知道他的进击。我们在那里把那支军队消灭了。”①

三是康待宾之乱

唐调露元年（公元 679 年）设置六胡州后。唐玄宗开元八年（公元 720 年），康待宾在兰池州拥徒作乱。②

开元九年四月（公元 721 年），康待宾、安慕容等伪称叶护，为多览杀大将军何黑奴，伪将军石神奴、康铁头等，据长泉县，攻陷六胡州。之后康待宾势力大振，“有众七万”，并与居于夏州一带的党项族联合，一起进攻夏州。③

五月底，康待宾联合夏州的党项，进攻夏州的银城、连谷，以据仓粮。张说引兵从合河关渡黄河掩击，败康待宾军，追至连谷西北骆驼堰。七月，王唆率朔方军最终击溃了康待宾军，杀一万五千骑，生擒康待宾。

不久，康待宾余党庆州方渠降胡康愿子自立为可汗，举兵反，谋掠监牧马，西涉河出塞。说进兵讨擒之，并获其家属于木盘山，送都斩之，其党悉平，获男女三千余人。于是移河曲六州残胡五万余口配许、汝、唐、邓、仙、豫等州，始空河南朔方千里之地。④

---

① 耿世民：《古代突厥文碑铭研究》中《阙特勤碑》东面第 32、33 行，中央民族大学出版社，2005 年，第 130 页。

② ［后晋］刘昫：《旧唐书》卷九十二《韦抗传》，中华书局，2002 年，第 2963 页。

③ ［后晋］刘昫：《旧唐书》卷八《玄宗纪上》，中华书局，2002 年，第 182 页。

④ ［后晋］刘昫：《旧唐书》卷九十七《张说传》，中华书局，2002 年，第 3053 页。

2. 安置诸族与灵州会盟

贞观二年（公元 628 年），唐朝将突厥降户安置内地，东起幽州，西至灵州。贞观十年（公元 636 年），阿史那社尔率其部众归附唐朝。唐授其为左骁卫大将军，其部属被置灵州境内。

贞观二十年（公元 646 年），唐朝得到铁勒咄摩支来降的消息后，唐太宗下诏，铁勒"诸部或来降附，或来归服，今不乘机，恐贻后悔，朕自当诣灵州招抚"。故唐太宗抱病赶赴灵州，与部落使节数千隆重会盟。各部落向唐太宗贡献方物，尊唐太宗为"天至尊""天可汗"，并表示"子子孙孙常为天至尊奴，死无所恨"。会盟之际，唐太宗即兴挥毫，赋五言诗一首，并令石匠将诗刻在石碑上，以记其事，史称"太宗灵州勒石"。遗憾的是这块石碑后来残破，只有两句流传了下来：雪耻酬百王，除凶报千古。

贞观二十三年（公元 649 年），突厥沙钵罗护叶率众归附，唐朝将阿史德特建俟斤部落置于皋兰、祁连二州，隶属灵州都督府。咸亨三年（公元 672 年），唐朝又将吐谷浑部迁至灵州，置安乐州，以诺曷钵为刺史。安乐州的意思是"欲其安而且乐也"，其位置在唐代的鸣沙县境。在吐蕃侵入以后，唐又将吐谷浑部徙至黄河以南的地区另置长乐州。

唐代影响最大的昭武九姓移民聚落首推六胡州。《新唐书·地理志》载："调露元年（公元 679 年），于灵、夏南境以降突厥置鲁州、丽州、含州、塞州、依州、契州，以唐人为刺史，谓之六胡州。长安四年（公元 704 年），并匡、长二州。神龙三年（公元 707 年）置兰池都督府，分六州为县。开元十年（公元 722 年），复置鲁州、丽州、契州、塞州。同年，平康待宾（余党），迁其人于河南及江、淮。十八年（公元 730 年），复置匡、长二州。

二十六年（公元 738 年），还所迁胡户宥州及延恩等县，其后侨治经略军。"《元和郡县志》引李吉甫上言"国家旧置六胡州在灵州界内"。六胡州最先为安置突厥人而设置的，但以后其居民成分发生变化，主要是粟特人。另外，当时宁夏南部的原州也有粟特人聚居（图 2-7）。

图 2-7　宁夏盐池出土的胡旋舞墓门

唐朝前期国力强盛，建立了疆域辽阔的多民族的统一的封建国家。为了巩固边防和边区的宁静，唐朝在边疆地区广开军屯，设置军镇，构建防御体系，今内蒙古、宁夏、甘肃和新疆等地是当时最重要的军屯区。屯田依赖水利，水利支持屯垦，整个西北边疆地区形成了汉代以来水利灌溉发展的又一次高潮，但宁夏屡次错过发展高峰期。

唐王朝在边疆大力修筑防御工程设施，以增强防御能力。唐太宗在《修缘边障塞诏》中提道：城彼朔方，周朝盛典；缮治河上，汉室宏规。所以作固京畿，设险边塞，式遏寇虐，隔碍华戎。……其城塞镇戍，须有修补，审量远近，详计功力，所在军民，且共营办，所司具为条式，务使成功。宣示闾里，明知此意。[①]

中宗景龙二年（公元 708 年），朔方道大总管张仁愿筑三受降城于河上，并部署了相当的兵力。这三座城池均修建在黄河北岸的

---

① [宋] 宋敏求：《唐大诏令集》卷 107《修缘边障塞诏》，中华书局，2008 年，第 552 页。

黄河重要渡口处。①唐王朝真正开始修筑边防障塞等军防设施。

开元九年（公元 721 年），唐置朔方节度使，治在灵武，管领单于大都护府，夏、盐、绥、银、丰、胜六州，定远、丰安二军及三受降城。天宝八年（公元 749 年），朔方节度使又兼陇右兵马使。此时朔方节度使虽有屯田，但军需供给仍要朝廷供给。《唐书·食货志》载："初，度支岁市粮于北都，以赡振武、天德、灵武、盐、夏之军，费钱五十六万缗，溯河，舟溺甚众。"②贞元八年（公元 792 年）五月，吐蕃围困灵州，度支曾自胜州运云州、朔州米万余石至灵州。

唐代屯田之开，常浚渠引水，保证灌溉。唐代凡军事要地开置军府，多有水利营田。《唐六典》载："凡军、州边防镇守转运不给，则设屯田以益军储。其水陆腴瘠，播植地宜，功庸烦省，收率等级，咸取决焉。诸屯分田役力，各有程数。凡天下诸军、州管屯，总九百九十有二，大者五十顷，小者二十顷。凡当屯之中，地有良薄，岁有丰俭，各定为三等。凡屯皆有屯官、屯副。"③天宝八年（公元 749 年）全国屯田收谷一百九十一万三千九百六十石，其中关内道收五十六万三千八百一十石。

天授元年（公元 690 年）娄师德为左金吾将军检校丰州都督，

---

①杜弋鹏：《内蒙古发现唐代东受降城》，《光明日报》2002 年 3 月 26 日，报道"3 座受降城之西城已探明在内蒙古巴彦淖尔市五原县境内，中城在包头市西郊，现被命名为'蒲滩拐'的这座唐代古战城遗址位于托克托县中滩乡蒲滩拐村东山梁前沿台地，专家多方考证认为这座遗址很可能是唐代在内蒙古境内 3 座受降城之东城"。

②［宋］欧阳修、宋祁撰：《新唐书》卷五十三《食货志三》，中华书局，2003 年，第 1372 页。

③［唐］李林甫等撰，陈仲夫点校：《唐六典》卷七《尚书工部》，中华书局，2008 年，第 222–226 页。

衣皮袴，率士屯田，积谷数百万，兵以饶给，无转饷和籴之费，收到很大的成效。但是宁夏地区屯田多少尚缺乏资料，更没有明显的关于引黄灌溉工程的记载。

3. 安史之乱后宁夏水利的发展

清代学者顾炎武言："盖唐时为令者犹得以用一方之财，兴期月之役。而《志》之所书，大抵在天宝以前者居什之七，岂非太平之世，吏治修而民隐达，故常以百里之官而创千年之利；至于河朔用兵之后，则以催科为急，而农功水道有不暇讲求者欤？然自大历以至咸通，犹皆书之不绝于册。而今之为吏，则数十年无闻也已。"[1] 也就是说，唐朝十分之七的水利工程，是建造于天宝之前的……在战乱之后，一个忙于催征赋税的政府，便没有时间致力于想奖励农业生产与改善水道之类的建设性劳动了。

"安史之乱"以后，当整个北方水利发展迟滞之时，南方特别是长江以南继续水利向前进发直至五代时期。朔方因长期驻兵，精于战斗，成为军事力量较强的藩镇，尤其是唐肃宗灵州登基，更是吸引了举国上下的目光，极大地提升了政治地位，也正是这段时间，宁夏在汉魏的水利基础上，再次加强了水利工程修建，史料中更是有了明确的宁夏水利工程的名称和记载。

（1）灵州登基

天宝十五年（公元756年）七月十三日，太子李亨在灵武登基，改元至德，是为唐肃宗。之后，灵州的地位迅即提高。朔方地区"边

---

[1]［清］顾炎武，郑若萍注译：《日知录》之《水利》，崇文书局，2017年，第45页。

陲数千里，要害之地，悉列置城堡，斥地各数百里"。[①] 其军事基础十分牢固。由于肃宗之蒙尘、即位和朔方节度使郭子仪等的经营，朔方已成为名副其实的国际都市。

至德元载（公元 756 年）七月，由于郭子仪率五万将兵自河北到达灵武，同罗突厥酋长阿史那从礼率五千骑叛安禄山逃归朔方等，因此使灵武军士气大振。[②] 八月，回纥可汗、吐蕃赞普为助国讨贼相继派遣使节。[③] 这些西域助国军好像为数不少，在《旧唐书》至德二载（公元 757 年）九月丁亥条中记载："丁亥，元帅广平王统朔方、安西、回纥、南蛮、大食之众二十万，东向讨贼。"[④]

晚唐诗人韦蟾《送卢潘尚书之灵武》中曾写道：

> 贺兰山下果园成，塞北江南旧有名。
> 水木万家朱户暗，弓刀千队铁衣鸣。
> 心源落落堪为将，胆气堂堂合用兵。
> 却使六番诸子弟，马前不信是书生。

正因为如此，诗人在写卢潘到灵武赴任，毫无边塞之心情，而是描写了灵州的富饶美景，说明宁夏早在一两千年以前就是"塞北江南"，更是精辟地概括了灵州在当时的重要地位，指出了古灵州是北部边地重要的军事重镇。

---

① ［后晋］刘昫：《旧唐书》卷一百三《王忠嗣传》，中华书局，2002 年，第 3199 页。

② ［宋］司马光，［元］胡三省注：《资治通鉴》卷二一八《唐纪三十四》，中华书局，1995 年，第 6986 页。

③ ［日本］长泽和俊著，钟美珠译：《丝绸之路史研究》，天津古籍出版社，1990 年，第 275 页。

④ ［后晋］刘昫：《旧唐书》卷十《肃宗纪》，中华书局，2002 年，第 247 页。

（2）仆固怀恩叛乱与吐蕃侵扰

"安史之乱"后，唐朝驻守朔方将士被朝廷征招南下，西北边防空虚。广德元年（公元 763 年），吐蕃乘机占据河西、陇右，进入宁夏南部，北攻灵盐，南侵关中，攻陷原州，长期占有宁夏大部分地区，直到大中三年（公元 849 年）六月，唐朝重新收复原州。①

广德二年（公元 764 年）冬十月，灵州大都督府长史、河北副元帅仆固怀恩，引吐蕃二万寇邠州，节度使白孝德闭城据守。十一月，怀恩与蕃军自溃，京师解严。②永泰元年（公元 765 年）九月丁酉，仆固怀恩死于灵武鸣沙县，时怀恩诱吐蕃数十万人寇邠州。③

大历二年（公元 767 年）九月甲寅，吐蕃寇灵州，进寇邠州。十月戊寅，灵州奏破吐蕃二万，京师解严。④大历三年（公元 768 年）九月壬午，吐蕃寇灵州。壬辰，灵州将白元光破吐蕃二万于灵武。戊戌，灵武奏破吐蕃六万，百僚称贺，京师解严。⑤大历四年（公元 769 年），吐蕃围灵州，李抱玉派遣右军都将李晟将兵五千以击吐蕃。⑥

大历八年（公元 773 年）四月，吐蕃寇灵州，掠人畜，攻陷水口城，进围州城，塞水口及支渠以营田。诏河东、振武分兵为援，又分神策六军之卒三千余人戍于定远、怀远二城，上御神武楼劳遣之。吐蕃引去。⑦

① ［后晋］刘昫：《旧唐书》卷十八《宣宗纪》下，中华书局，2002 年，第 622 页。
② ［后晋］刘昫：《旧唐书》卷十一《代宗纪》，中华书局，2002 年，第 276 页。
③ ［后晋］刘昫：《旧唐书》卷十一《代宗纪》，中华书局，2002 年，第 279 页。
④ ［后晋］刘昫：《旧唐书》卷十一《代宗纪》，中华书局，2002 年，第 287 页。
⑤ ［后晋］刘昫：《旧唐书》卷十一《代宗纪》，中华书局，2002 年，第 290-291 页。
⑥ ［后晋］刘昫：《旧唐书》卷一三三《李晟传》，中华书局，2002 年，第 3661 页。
⑦ ［后晋］刘昫：《旧唐书》卷一九六《吐蕃传》，中华书局，2002 年，第 5257 页。

《新唐书·代宗纪》记载：大历八年八月己未，吐蕃寇灵州，郭子仪败之于七级渠[①]后，郭子仪上封论备吐蕃利害，曰：朔方，国之北门，西御犬戎，北虞猃狁，五城相去三千余里。开元、天宝中，战士十万，战马三万，才敌一隅。自先皇龙飞灵武，战士从陛下收复两京，东西南北，曾无宁岁。中年以仆固之役，又经耗散，人亡三分之二，比于天宝中有十分之一。今吐蕃充斥，势强十倍，兼河、陇之地，杂羌、浑之众，每岁来窥近郊。以朔方减十倍之军，当吐蕃加十倍之骑，欲求制胜，岂易为力！[②]

《新唐书·吐蕃传》载大历十三年（公元778年），虏大酋马重英以四万骑寇灵州，塞汉、御史、尚书三渠以扰屯田。为朔方留后常谦光所逐。[③]

建中元年（公元780年），双方约和"唐地泾州右尽弹筝峡，陇州右极清水，凤州西尽同谷，剑南尽西山、大度水。吐蕃守镇兰、渭、原、会，西临洮，东成州，抵剑南西磨些诸蛮、大度水之西南。尽大河北自新泉军抵大碛，南极贺兰橐它岭，其间为闲田。二国所弃戎地毋增兵，毋创城堡，毋耕边田"[④]初，与虏约，得长安，以泾、灵四州界之。

然和平不久，贞元三年（公元787年），吐蕃、羌、浑犯塞，

①［宋］欧阳修、宋祁撰：《新唐书》卷六《代宗纪》，中华书局，2003年，第176页。

②［后晋］刘昫：《旧唐书》卷一二十《郭子仪传》，中华书局，2002年，第3464页。

③［宋］欧阳修、宋祁撰：《新唐书》卷一四一《吐蕃传》，中华书局，2003年，第6092页。

④［宋］欧阳修、宋祁撰：《新唐书》卷一四一《吐蕃传》，中华书局，2003年，第6092–6093页。

再度撕毁协约，^①吐蕃结赞得盐、夏，皆戍以兵，乃自屯鸣沙，然馈饷数困。^②

贞元八年（公元 792 年）五月，以都官郎中郑克钧为灵、夏二州运粮使。吐蕃之围灵州，军食绝，及吐蕃稍却，钧自夏州，以牛马杂运米六万余斛。灵州度支又于胜州、沂河运云朔米万余斛。是秋，云州亦有积年谷、稻数万斛，人心颇固。^③八年，寇灵州，陷水口，塞营田渠。发河东、振武兵，合神策军击之，虏引还。^④

元和十二年（公元 817 年），吐蕃使论矩立藏来朝，未出境，吐蕃寇宥州，与灵州兵战定远城，虏不胜，斩首二千级。^⑤元和十五年（公元 820 年）穆宗即位，遣秘书少监田洎往告，使者亦来。虏引兵入屯灵武，灵州兵击却之。又犯青塞烽，进寇泾州，濒水而营，绵五十里。^⑥

大中三年（公元 849 年）八月，唐颁布《收复河湟德音》："其秦、威、原三州及七关侧近，访闻田土肥沃，水草丰美，如百姓能耕垦种莳，五年内不加税赋。五年已后重定户籍，便任为永业。温池盐利，可赡边陲，委度支制置闻奏。凤翔、邠宁、灵武、泾

① ［宋］欧阳修、宋祁撰：《新唐书》卷五十《兵志》，中华书局，2003 年，第 1339 页。

② ［宋］欧阳修、宋祁撰：《新唐书》卷一四一《吐蕃传》，中华书局，2003 年，第 6095 页。

③ ［宋］王钦若等纂，周勋初等校：《册府元龟》卷四八四《邦计部·经费》，凤凰出版社，2006 年，第 5489-5490 页。

④ ［宋］欧阳修、宋祁撰：《新唐书》卷一四一《吐蕃传》，中华书局，2003 年，第 6098 页。

⑤ ［宋］欧阳修、宋祁撰：《新唐书》二一六下《吐蕃传》，中华书局，2003 年，第 6101 页。

⑥ ［宋］欧阳修、宋祁撰：《新唐书》卷二一六下《吐蕃传》，中华书局，2003 年，第 6101 页。

原守镇将士，如能于本成处耕垦营田，即度支给赐牛粮子种，每年量得斛斗，便充军粮，亦不限约定数。"①

吐蕃侵扰期间，宁夏诸地被吐蕃填塞灌溉渠道，践禾稼，扰屯田，败营田，正常的生产难以为继。长期战乱，使宁夏人口"比于天宝由有十分之一"。农业生产惨遭破坏，宁夏南部又成吐蕃的游牧区。直至唐朝后期，社会相对稳定后，农业生产才缓慢恢复，水利再度复苏。

总之，至元和、长庆年间（公元806—824年），宁夏平原的引黄灌渠曲折发展，如薄骨律渠"溉田一千余顷"，特进渠"溉田六百顷"，汉渠"溉田五百余顷"，宪宗元和十五年（公元820年）六月，灵州大都督府长史、灵盐节度使李听率部疏浚光禄渠，"溉塞下地千顷，后赖其饶"，②引黄灌区灌溉面积仅有31万亩，比开元天宝之际屯田面积还少7万亩。大和四年（公元830年）夏四月，文宗以尚书左丞王起为户部尚书、判度支，③这期间因"灵武、邠、宁多旷土，奏为营田，以省馈挽"。④唐武宗会昌六年（公元846年），"会昌六年五月五日赦文，灵武、振武、天德三城封部之内，皆有良田，缘无居人，遂绝耕种。自今以后，天下囚徒、各处死刑、情非巨蠹者，特许全生，并家口配流。"⑤

---

① ［后晋］刘昫：《旧唐书》卷十八下《宣宗纪》，中华书局，2002年，第623–624页。

② ［宋］欧阳修、宋祁撰：《新唐书》卷一四一《吐蕃传》，中华书局，2003年，第4879页。

③ ［后晋］刘昫：《旧唐书》卷十七下《文宗纪》，中华书局，2002年，第537页。

④ ［宋］欧阳修、宋祁撰：《新唐书》卷一六七《王起传》，中华书局，2003年，第5117页。

⑤ ［宋］王钦若等纂，周勋初等校订：《册府元龟》卷四九四《邦计部·山泽》，凤凰出版社，2006年，第5603页。

（3）唐代引黄水利工程

据《新唐书》《旧唐书》《元和郡县志》等记载，灵州引黄灌溉渠系工程较多，有的开凿于前代，唐代整修扩建，有的为唐代新开。由于史料记载过简，渠道的位置、规模和名称等情况都不很清楚，然诚如顾炎武所言："欧阳永叔作《唐书·地理志》，凡一渠之开，一堰之立，无不记之其县之下，实兼《河渠》一志，亦可谓详而有体矣。"可以看出，宁夏引黄灌溉工程数量较前代有了明显增加，有了明确渠道名称的水利工程，这是较以往朝代有着明显的进步。

黄河出青铜峡后，两岸地势逐渐开阔，宁夏平原，分为河东（右岸）和河西（左岸）两大片。在原有水利工程的基础上，唐代当时河东有薄骨律、光禄、七级、特进等渠，河西有汉、胡、御史、尚书、百家等渠。

薄骨律渠：位于灵州回乐县南 60 里，溉田 1000 余顷。回乐县在黄河之东，其渠也当位于河东。它并非北魏时兴修的艾山渠，后者位于河西，且所处部位较高。

七级渠：位于灵州城附近，是黄河东岸主要古干渠，在唐代得到疏浚，七级渠之名始见于唐代，但可能早就修建了。《新唐书·代宗纪》记载：大历八年（公元 773 年）"八月己未，吐蕃寇灵州，郭子仪败之于七级渠"。[①]当时灵州治河东回乐县，七级渠就在回乐县城附近。

光禄渠已"废塞岁久"，元和十五年（公元 820 年）李听任灵州大都督府长史、灵盐节度使时，曾加以修治[②]，达到"溉塞下

① ［宋］欧阳修、宋祁撰：《新唐书》卷六《代宗纪》，中华书局，2003 年，第 176 页。

② ［后晋］刘昫：《旧唐书》卷一三三《李听传》，中华书局，2002 年，第 3683 页。

地千顷，后赖其饶"的效果。①

特进渠在灵州回乐县，据《新唐书·地理志》等记载，秋七月辛酉"有特进渠，溉田六百顷，长庆四年诏开"。② 开于长庆四年（公元 824 年），灌溉新置营田六百顷。但《旧唐书·敬宗纪》及《唐会要·疏凿利人》均载"疏灵州特进渠，置营田六百顷"，③ 以上史料都写作"疏"灵州特进渠，所以其始开年代还不能确定。

汉渠在灵武县南五十里，北流四十余里为千金大陂，陂在县北四十二里，长五十里，阔十里。其左右又有胡渠、御史、百家等八渠，溉田五百余顷。④《新唐书·吐蕃传》称："大历十三年（公元 778 年）虏大酋马重英以四万骑寇灵州，塞汉、御史、尚书三渠以扰屯田，为朔方留后常谦光所逐。"⑤ 反映汉渠对当时灵州屯田具有重要的作用。

御史渠在宁夏镇东北，《读史方舆纪要》卷六二"宁夏镇"记载："御史渠，在镇东北黄河外。唐史：'郭子仪请开丰宁军御史渠，溉田二千顷，是也'。"⑥

尚书渠、百家渠、胡渠均位于河西，可能兴修于唐代，但具

---

① ［宋］欧阳修、宋祁撰：《新唐书》卷一五四《李晟传》，中华书局，2003 年，第 4879 页。

② ［后晋］刘昫：《旧唐书》卷十七《敬宗纪》，中华书局，2002 年，第 510 页。

③ ［后晋］刘昫：《旧唐书》卷十七《敬宗纪》，中华书局，2002 年，第 510 页。

④ ［唐］李吉甫撰，贺次君点校，《元和郡县图志》卷四《关内道四·灵州》，中华书局，1983 年，第 95 页。

⑤ ［宋］欧阳修、宋祁撰：《新唐书》卷二一六《吐蕃传下》，中华书局，2003 年，第 6092 页。

⑥ ［清］顾祖禹撰，贺次君、施和金点校，《读史方舆纪要》卷六二《陕西十一》，中华书局，2010 年，第 2947 页。

体位置不详。

千金陂，在县北四十二里。长五十里，阔十里。

此外，宁夏黄河西岸的唐徕渠也可能修建于唐代。《宋史·夏国传》载："兴、灵则有古渠曰唐来，曰汉源，皆支引黄河。故灌溉之利，岁无旱涝之虞。"①

（4）灌溉面积

唐朝时期，关于宁夏引黄灌区的灌溉面积，史书中没有完整的统计资料。学界对此也观点不一。有关专家据唐朝后期的零星记载得出，汉渠、特进渠、光禄渠和薄骨律渠4条干渠可以灌溉农田31万亩。不过这是元和、长庆年间的统计。盛唐时，银川平原干渠总数比汉代增加了3条，灌溉面积也大幅度增加，卫宁平原开垦也已初具规模。据此分析，盛唐时期，宁夏引黄灌区灌溉面积当超过100万亩，农田灌溉达到空前水平。②在测算的过程中将"丰安军，屯田二十万以上"加入其中。有的专家虽未测算唐代引黄灌溉面积，也提到丰安军是屯田，并认为"在干旱地带的卫宁平原开垦，水利灌溉设施应该是有保障的，但缺少水利工程及渠道沿革的史料记载"，也已发现该条材料存在一定问题。③

虽然对于宁夏引黄灌溉面积由于缺乏明确的记载，较难以判断，但是《武经总要》中记载则非常值得商榷，"丰安军，唐屯田二十万以上，并河外六镇也。天宝末，魏少游为六城水运使，杜鸿渐为朔方留后度支使副，率兵白草镇迎诣肃宗。言：'朔方，

① ［元］脱脱：《宋史》卷四八六《夏国传》，中华书局，2004年，第14028页。
② 杨新才：《关于古代宁夏引黄灌区灌溉面积的推算》，《中国农史》，1999年，第3期，第95页。
③ 吴晓红：《历史时期宁夏平原引黄灌溉的三次大开发》，《西夏研究》，2021年，第3期，第95页。

天下劲兵；灵武州，用武之地。'上仓储库物之数。"① 众所周知，《武经总要》是一部宋代军事著作，在中国军事史上占有非常重要的地位，但是该书中对于"丰安军"条文则不够严谨。

其一，丰安军在唐代屯田二十万以上，在唐宋诸多相关典籍中并未有相关记载，如：

《元和郡县图志》载："丰安军，灵武郡西黄河外一百八十余里，万岁通天初置（公元696—697年）。管兵八千人，马一千三百匹。"②

《旧唐书·地理志》载：朔方节度使，捍御北狄，统经略、丰安、定远、西受降城、东受降城、安北都护、振武等七军府。……丰安军，在灵州西黄河外百八十里，管兵八千人，马千三百疋。③

《资治通鉴》载："朔方节度捍御突厥，统经略、丰安、定远三军，三受降城，安北、单于二都护府，屯灵、夏、丰三州之境，治灵州，兵六万四千七百人。"④

直至明代《陕西通志》才有类似记载，"丰安军唐屯田二十万以上，并河外六镇"。⑤ 清代《读史方舆纪要》卷六二宁夏镇记载，

---

① ［宋］曾公亮：《武经总要》（上）卷十八下《边防·西蕃地界·灵州条》，商务印书馆，2017年，第303页。

② ［唐］李吉甫撰，贺次君点校：《元和郡县图志》卷四《关内道四·灵州》，中华书局，1983年，第92页。

③ ［后晋］刘昫：《旧唐书》卷三十八《地理志一》，中华书局，2002年，第1386页。

④ ［宋］司马光，［元］胡三省注：《资治通鉴》卷二一五《唐纪三十一》，中华书局，1995年，第6848页。

⑤ ［明］赵廷瑞、马理等纂，董健桥校注：《陕西通志》卷三八《三边水利》，三秦出版社，2006年，第659页。

"御史渠,在镇东北黄河外。《唐史》:'郭子仪请开丰宁军御史渠,溉田二千顷,是也'。"该条与《元和郡县图志》内容相矛盾,"其(汉渠)左右又有胡渠、御史、百家等八渠,溉田五百余顷",以上材料怀疑就是引用了《武经总要》内容。

以上资料,虽未能穷尽唐宋史料,但"丰安军屯田二十万"之说,《武经总要》难以找到原始材料,反观唐朝史料对宁夏及其周边水利记载较为详细,且比屯田二十万数目小的都有记载,不太可能独缺其材料,此为疑点一。如前述长庆四年(公元824年),灌溉新置营田六百顷;又如汉渠左右又有胡渠、御史、百家等八渠,溉田五百余顷。就是早在天授元年(公元690年)娄师德为左金吾将军检校丰州都督,知营田事。武则天降书劳曰:"所以寄之襟要,授以甲兵。自卿受委北陲,总司军任,往还灵、夏,检校屯田,收率既多,京坻遽积。不烦和籴之费,无复转输之艰,两军及北镇兵数年咸得支给。"①

其二,《武经总要》中"丰安军"条下其他部分。"天宝末,魏少游为六城水运使,杜鸿渐为朔方留后,度支使副率兵白草镇迎诣肃宗。言:'朔方天下劲兵,灵武州用武之地。'上仓储库物之数。"根据史料,我们可以看出,这些和丰安军皆没有太直接关系,主要是记录朔方的。

如《旧唐书》所载,肃宗北幸,鸿渐知肃宗发平凉,于北界白草顿迎谒,因劳诸使及兵士,进言曰:"朔方天下劲兵,灵州用武之处。今回纥请和,吐蕃内附,天下郡邑,人皆坚守,以待制命。其中虽为贼所据,亦望不日收复。殿下整理军戎,长驱一举,

---

① [后晋]刘昫:《旧唐书》卷九十三《娄师德传》,中华书局,2002年,第2975页。

则逆胡不足灭也。"①《新唐书》中对此事记载也大抵相同。

因此，《武经总要》中丰安军条下，实际上记载的是整个朔方地区，并非唐代丰安军治下事情，所以，我们有理由相信，唐屯田二十万的不是丰安军，应该为朔方节度使所辖区域，包括了经略、丰安、定远、西受降城、东受降城、安北都护、振武等七军府，即丰安军加河外六镇也。

第四节　宋夏时期引黄灌溉的兴盛

一、建置沿革

后周显德七年（公元 960 年），赵匡胤在陈桥驿黄袍加身，建立宋朝，定都开封。北宋之初，沿用唐、五代的州县建制，"初有州百一十一，县六百三十八，户九十六万七千三百五十三"②，今宁夏地区分属灵州、盐州、原州等州。太宗至道三年（公元 997 年），将全国划分为十五路，秦凤路辖宁夏地区。

宋咸平五年（公元 1002 年）三月，夏州政权首领李继迁集合蕃部攻陷灵州城，建立西平府，自此北宋对宁夏主要控制只剩萧关以南地区，彻底失去了对引黄灌溉区域的治理。③宋宝元元年（公元 1038 年），李元昊建立夏，建都兴庆府。④《续资治通鉴长编》载：

①［后晋］刘昫：《旧唐书》卷一百八《方鸿渐传》，中华书局，2002 年，第 3282–3283 页。

②［元］脱脱：《宋史》卷八五《地理志》，中华书局，2004 年，第 2093 页。

③［元］脱脱：《宋史》卷四八五《夏国传》，中华书局，2004 年，第 13988 页。

④［元］脱脱：《宋史》卷四八五《夏国传》，中华书局，2004 年，第 13995–13996 页。

"赵元昊既悉有夏、银、绥、静、宥、灵、盐、会、胜、甘、凉、瓜、沙、肃，而洪、定、威、怀、龙皆即旧堡镇伪号州，仍居兴州，阻河，依贺兰山为固。"

二、宋初引黄灌溉的短暂恢复

尽管北宋对引黄灌溉区域控制的时间较短，境内游牧民族部落繁多，但是地方长官仍然重视对引黄灌渠的修缮，以恢复农业生产，可惜时间短促，规模甚微。至道元年（公元995年），陕西转运使郑文宝曾至贺兰山下，见唐室营田旧制，建议兴复，可得秔稻万余斛，减岁运之费。① 又如至道初年（公元995—997年），时任防御使、灵庆路副都部署、河外都巡检使杨琼，导黄河，溉民田数千顷，户口四千余，课利四十五万贯。② 可惜此时引黄灌溉地区已成为仰望中原补给输送之地，宋朝多次运粮，"往返千里，费耗十倍，愁苦怨叹，充塞路岐，自春徂冬，曾无暂息，糇粮乏绝，力用殚穷"。③

知制诰杨亿曾上疏评灵州地利："盖朔方之故墟，匈奴之旧壤。僻介西鄙，遐绝诸华，数百里之间，无有水草，烽火不相应，亭障不相望……此灵武之存无益。"④

---

① ［元］脱脱：《宋史》卷二七七《郑文宝传》，中华书局，2004年，第9425-9427页。

② ［元］脱脱：《宋史》卷二八十《杨琼传》，中华书局，2004年，第9501页。［明］何景明，吴敏霞校：《雍大记校注》卷五《考易·灵州千户所》，三秦出版社，2010年，第62页。该文献中记载"杨琅"。

③ ［元］脱脱：《宋史》卷二七七《张鉴传》，中华书局，2004年，第9417页。

④ ［元］脱脱：《宋史》卷三百五《杨亿传》，中华书局，2004年，第10080-10081页。

三、西夏时期引黄灌溉的兴盛

西夏偏居西北一隅，秦凤路经略使吕大防言："夏国赖以为生者，河南膏腴之地。东则横山，西则天都、马衔山一带，其余多不堪耕牧。"[①]西夏人对"农"的认识是"农耕灌溉之谓"。[②]

1.《西夏地形图》

根据考证，《西夏地形图》为宋代官吏绘于大观二年（公元1108年），最早于明万历三十六年（公元1608年）刻本《宋两名相集》中存图，该图中绘有"久仁渠""大（文）交渠""里仁潭"，盖以"瀑"为"渠"或"潭"之误，应皆为引黄河灌溉渠道，名则不见记载。但皆为夏灌溉大渠，则无可疑。

从《西夏地形图》中可清晰地看到围绕灵州有三条大渠并排位于黄河以南的灵州界内，可惜的是该地图中并未标注渠道的名称，若与后世明代宁夏引黄灌区渠道分布图相比，以上三渠或许为金积渠、汉伯渠、秦渠的前身。但值得怀疑的是，图中并没有描绘大型渠道通向黄河以北的兴庆府地区，这似乎与史料记载不相符合；另图中描绘的三条干渠走向也与事实不相符合，宁夏灵州的干渠都是上游开口，由西向东开凿，图中是反过来在下游开口，从东往西走向开凿。但是不管怎么，此图都是目前所见宁夏引黄灌溉最早的一幅地图，具有非常重要的意义。[③]（图2-8）

① ［宋］李焘：《续资治通鉴长编》卷四六六，元祐六年九月条，中华书局，2004年，第11129页。

② 史金波、白滨、黄振华：《文海研究》，中国社会科学出版社，1983年，第511页。

③ 黄盛璋、汪前进：《最早一幅西夏地图——〈西夏地形图〉新探》，《自然科学史研究》，1992年第2期，第185-186页。

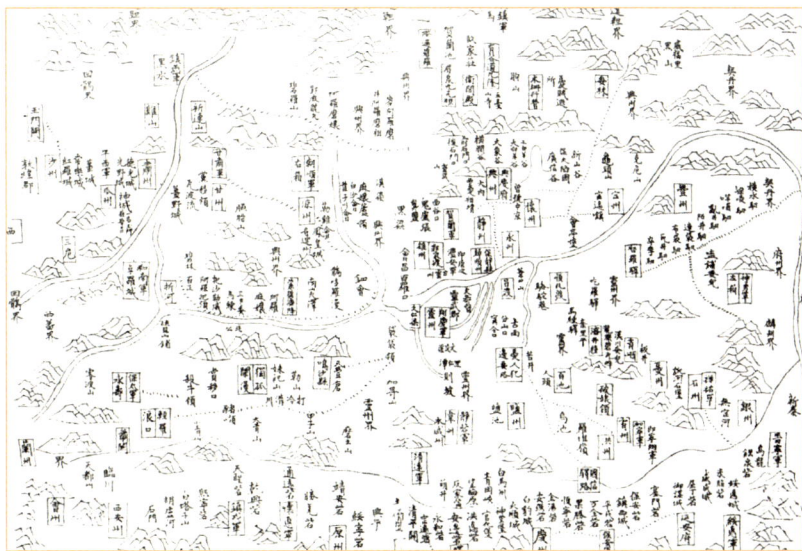

图 2-8　苏联国家列宁图书馆藏《西夏地形图》[1]

2. 灌溉渠道

西夏农田水利首推引黄灌溉。京畿兴灵地区，地势平坦，日照充足，为黄河前套平原。滔滔黄河由西南向东北流过，自秦汉以来中原王朝就在这里开凿渠道，屯垦实边。1002 年李继迁攻占灵州不久，因境内大旱，下令蕃汉人民"引河水溉田"。[2]1038 年李元昊建国后，随着版图的扩大和封建政权的巩固，经济建设被提到重要的议事日程上，在中央政府设置农田司，专司农业生产和农田水利建设。西夏河套平原灌溉渠道依次分为干、

---

① ［苏］克恰诺夫著，李步月译：《苏联国家列宁图书馆藏汉文西夏唐古特国地图册手稿》，《西北历史资料》，1980 年第 1 期，第 30—39 页，原文载苏联《东方国家和民族》1959 年第 1 册。［清］张鉴撰，龚世俊、陈广恩、朱巧云点校：《西夏纪事本末》，甘肃文化出版社，1998 年，第 12—13 页间插图。

② ［宋］李焘：《续资治通鉴长编》卷五四，咸平六年五月壬子条，中华书局，2004 年，第 1194 页。

支、斗、毛四级。渠系系统的丰富和完备，也是引黄灌区灌溉面积的直接体现。

（1）干渠

干渠又称正渠，直接从黄河峡口引水。唐徕、汉延是西夏都城兴庆府周围两条最大的干渠，也是西夏境内最大的灌溉渠道，《宋史·夏国传》载：西夏"地饶五谷，尤宜稻麦。甘、凉之间，则以诸河为溉，兴、灵则有古渠曰唐来，曰汉源，皆支引黄河。故灌溉之利，岁无旱涝之虞"。[1]元代《知太史院事郭公行状》亦载："西夏濒河五州皆有古渠，其在中兴州者，一名唐来，长袤四百里；一名汉延，长袤二百五十里。其余四州又有正渠十，长袤各二百里，支渠大小共六十八，计溉田九万余顷。"[2]

西夏法典《天盛改旧新定律令》中有多处关于西夏大渠（干渠）的相关记载：

"沿唐徕、汉延、其余大渠等水落水涨，渠坏当行修理，又催促草工、笨工者派监夫及另有新情、圣旨出等时，除依法派执符以外，事大小有急者，当遣神策使军、强坐骑。"[3]在唐徕、汉延这两条主干渠外，还有其余大渠。

"沿唐徕、汉延、新渠、诸大渠等至千步，当明其界，当值土堆，中立一碣，上书监者人之名字而埋之，两边附近租户、官私家主

[1] ［元］脱脱：《宋史》卷四八六《夏国传》，中华书局，2004年，第14028页。

[2] ［元］苏天爵，姚景安点校：《元朝名臣事略》卷九《太史郭公》，中华书局，1996年，第186页。

[3] 史金波、聂鸿音、白滨：《天盛改旧新定律令》卷一三《执符铁箭显贵言等失门》，法律出版社，2000年，第472页。

地方所应至处当遣之。"①

西夏除了唐徕和汉延渠之外，还有新渠，以及其他大渠。很可能《天盛律令》中所述的"新渠"，就是沿贺兰山山麓兴修的昊王渠（今天西干渠的前身），由于选址较高，加之工程量大，只修了一段。而条文中所述的"其余大渠""诸大渠"，则或许是《西夏书事》卷二〇所载的渠道："黄河环绕灵州，其古渠五。一秦家渠，一汉伯渠，一艾山渠，一七级渠，一特进渠，与夏州汉源、唐梁两渠毗接。余支渠数十，相与蓄泄河水。"②

（2）小渠

斗渠是从支渠引水，《天盛律令》称之为"小渠"，以别于大渠（支渠），规定"沿诸小渠有来往道处，附近家主当指挥建桥而监察之，破损时当修治"。③又如"若不建桥不修治时，有官罚钱五缗，庶人十杖，桥当建而修治之"。④

毛渠是从斗渠引水，《天盛律令》中还有"供水细渠"记载，如"租户家主沿诸供水细渠田地中灌水时，未毕，此方当好好监察，不许诸人地中放水"。⑤20世纪90年代敦煌研究院在莫高窟北区出土的汉文文献，编号为G11·031［B59：1］的嵬名法宝达卖

---

① 史金波、聂鸿音、白滨：《天盛改旧新定律令》卷一五《渠水门》，法律出版社，2000年，第501页。

② ［清］吴广成撰，龚世俊校证：《西夏书事校证》卷二十，甘肃文化出版社，1995年，第235页。

③ 史金波、聂鸿音、白滨：《天盛改旧新定律令》卷一五《桥道门》，法律出版社，2000年，第505页。

④ 史金波、聂鸿音、白滨：《天盛改旧新定律令》卷一五《桥道门》，法律出版社，2000年，第505页。

⑤ 史金波、聂鸿音、白滨：《天盛改旧新定律令》卷一五《地水杂罪门》，法律出版社，2000年，第506页。

地契（图2-9），该契约高18.8厘米，宽22.7厘米，残存文字11行。钤朱印4方，其中2方完整。[1]

1.……　年立帐目文字　人嵬名法宝达
2.……　因生活困顿？　举借他人钱债，无
3.　物填还？　……今将袒直泉水
4.……一日一夜，其地东至
5.……使水细渠高倍陇
6.……道为界，比（北）至园场

图2-9　嵬名法宝达卖地契

支渠是从干渠引水，有大有小，文献记载西夏河套平原共有68条支渠。可惜这些支渠的信息没有被记载下来，《天盛律令》中记载"唐徕、汉延诸官渠"，可见这些大型的水利干渠是在政府组织下兴修的，也就意味着还有一些小渠是由有财力、有地位的私人兴修的。这些私人修建的水渠就有了一定的水权，所以我们在黑水城出土的西夏文书中就发现，各个渠系的大小，也反映

---

① 史金波、陈育宁主编：《中国藏西夏文献》第十六册，甘肃人民出版社，2006年，第16页。

渠系供水量大小，故在黑水城出土的文书中出现了"日水""细水""半细水"等记载。在黑水城出土的西夏文书中有一些黑水城地区的支渠信息，如西夏户籍文书记有新渠、律移渠、习判渠、阳渠、道砾渠、七户渠；灌溉水税账记有山穴渠、南山穴渠、北山穴渠、北细渠；卖地契记有左渠、自属渠、灌渠、四井坡渠、自属酩布井坡渠、南渠、自属四井坡渠、官渠等。[①]

3. 水资源税

西夏区域内不仅有引黄古灌区，还有河西走廊等灌溉区域，西夏在其灌区也征收水资源税，《天盛律令》规定"催促水浇地租法：自鸣沙、大都督府、京师界内等所属郡、县及转运司大人、承旨等，每年当派一人"。[②]同时，在黑水城出土的文书中有两件水税文书，直接记录了耕地缴纳水税的情况。如俄藏 Ин в . № .1454–2V，此耕地水税账残页，高 15.7 厘米，宽 33.7 厘米，有西夏文草书 14行。[③]该文书译文：

一处十四（石）往处……

灌 乙 单……

？？水税四石？ 斗

七升半

东南梁？？ 西

---

① 史金波：《西夏经济文书研究》，附录"西夏文经济文书录文、对译和意译"，社会科学文献出版社，2017 年，第 458–495、590–617 页。

② 史金波、聂鸿音、白滨：《天盛改旧新定律令》卷一五《催租罪功门》，法律出版社，2000 年，第 493 页。

③ 史金波、魏同贤、克恰诺夫：《俄藏黑水城文献》，第 12 册，上海古籍出版社，1996 年，第 247 页。

一处觅移狗山水灌二石往处

杠偏之偏青水税？斗

二升半

东南觅移吉狗

西北觅移小狗

一处四石往处觅移狗山水……

日水税一石二斗……

东……　西……

经过整理、统计，该文书中的水税应为每撒 1 石种子的地需要缴纳水税 3.125 斗，见表 2-1。①

表 2-1　　　　　　　　　　水税文书一览表

序号	灌溉面积	水税	平均每石种子的水税
第一处	十四石	四石三斗七升半	3.125 斗
第一处	二石	六斗二升半	3.125 斗
第一处	四石	一石二斗五升	3.125 斗

另一件西夏文书为俄藏 Инв.№.1781-1，此耕地水税账残页，高 12 厘米，宽 33.5 厘米，有西夏文草书 15 行。②

经过整理、统计，该文书中的水税应为每撒 1 石种子的地需要缴纳水税 2.5 斗，见表 2-2。③

---

① 史金波：《西夏经济文书研究》，社会科学文献出版社，2017 年，第 117-118 页。

② 史金波、魏同贤、克恰诺夫：《俄藏黑水城文献》，第 12 册，上海古籍出版社，1996 年，第 313 页。

③ 史金波：《西夏经济文书研究》，社会科学文献出版社，2017 年，第 119-120 页。

表 2-2   水税文书一览表

序号	灌溉面积	水税	平均每石种子的水税
第一处	四石	一石	2 斗 5 升
第一处	九石	二石二斗五升	2 斗 5 升
第一处	四石	一石	2 斗 5 升

总之，我国历朝历代虽有收取水资源税的历史记载，但是准确记载水税额度的文献尚未发现，黑水城出土的西夏文书，可谓弥足珍贵。

4. 管理机制

西夏建国初就在中央政府设置机构，如"曰中书，曰枢密，曰三司……曰受纳司，曰农田司，曰群牧司，曰飞龙院"等①，不仅设置农田司，专司农业生产和农田水利建设，且将农田司置于群牧司、飞龙院等专司畜牧的机构之上。

《天盛律令》中将"农田司"定为中等司，并配置了"四正、四承旨""都案四""案头十二""计量头监"等官吏。只是律令中已将农田司置于群牧司之后，而群牧司配置了"六正、六承旨""都案六""案头十四"等官吏。水利局分下设伕事小监、渠水巡检、渠主、渠头，渠水巡检、渠主为官方委任的职员。②

如伕事小监具体负责渠道的维修和建设工程。渠头相当于斗门长，专司渠口管理及送水工作。供水期间，值班渠头应守护在渠口，《天盛律令》规定如果渠头"放弃职事，不好好监察，渠口破而水断时"，"其中人死者，令与随意于知有人处射箭、投

① ［元］脱脱：《宋史》卷四八五《夏国传》，中华书局，2004 年，第 13993 页。
② 史金波、聂鸿音、白滨：《天盛改旧新定律令》卷十《司序行文门》，法律出版社，2000 年，第 363、368、373、375 页。

掷等而致人死之罪状相同。佚事小监、巡检、渠主等因指挥检校不善，依渠主为渠头之从犯，巡检为渠主之从犯，佚事小监为巡检之从犯等，依次当承罪"。①

（1）清淤维护

河套平原属沙黄土壤，渠道极易淤塞崩坍，因此每年要组织大批人工疏浚渠道并整修闸门水口。②《天盛律令》规定，每年春天例行的"开渠大事"，先由局分处提议，佚事小监、诸司及转运司大人、承旨、阁门、前宫侍等"于宰相面前定之，当派胜任人，自□局分当好好开渠，修造垫版，使之坚固"。③由中书令主持的会议除了确定负责开渠人员及对开渠质量要求外，还要计量"沿水渠干应有何事"，法律规定了"每年春夫事大兴者，勿过四十日。事兴季节到来时当告中书，依所属地沿水渠干应有何事计量，至四十日期间依高低当予之期限，令完毕。其中予之期限而未毕时，当告局分处并寻谕文。若不寻谕文而使逾期时，自一日至三日徒三个月，自四日至七日徒六个月，自七日以上至十日徒一年，十日以上一律徒二年"。④

开挖渠道的具体工程由夫事小监负责，同时在二十个民夫中，抽派一和众、一支头为工长。挖渠的人工按受益田亩的多寡来摊

①　史金波、聂鸿音、白滨：《天盛改旧新定律令》卷一五《渠水门》，法律出版社，2000年，第500页。

②　史金波、聂鸿音、白滨：《天盛改旧新定律令》卷一五《渠水门》，法律出版社，2000年，第501页。

③　史金波、聂鸿音、白滨：《天盛改旧新定律令》卷一五《催租罪功门》，法律出版社，2000年，第494页。

④　史金波、聂鸿音、白滨：《天盛改旧新定律令》卷一五《春开渠事门》，法律出版社，2000年，第497页。

派。"自一亩至十亩开五日，自十一亩至四十亩十五日……一顷二十亩以上至一顷五十亩一整幅四十日。当依顷亩数计日，先完毕当先遣之"，最多"勿过四十日"。①

因此西夏非常重视预防渠道决口，除每年加固堤岸外，还于干渠两侧广储冬草、枝条、条橼，以备不测。如果一旦大雨水涨，渠道决口，而"附近未置官之备草，则当于附近家主中有私草处取而置之。当明其总数，草主人有田地则当计入冬草中，多于一年冬草则当依次计入冬草中。未有田地则依捆现卖法计价，官方予之"。②渠道决口后水情的报告与民工的催派，"除依法派执符以外，事大小有急者，当遣神策使军、强坐骑"。③

（2）依次供水

灌溉渠道是公共设施，由于水源有大小、远近、足否之分，得水有早晚、需水有多寡，农户有阶级、强弱之别，往往出现豪强、官僚霸占水利，或渠头收受贿赂、不依次放水等情况。因此，在长期的实践中，河套平原形成了一套分灌方法，明代"分灌之法，自下流而上，官为封禁"。④西夏是否也是"自下流而上"，文献没有明确记载，但分灌是有次序的，并且受到法律的保护，《天盛律令》卷一五《园地苗圃灌溉法门》就有"违章灌溉""不

---

① 史金波、聂鸿音、白滨：《天盛改旧新定律令》卷一五《春开渠事门》，法律出版社，2000年，第496–497页。
② 史金波、聂鸿音、白滨：《天盛改旧新定律令》卷一五《地水杂罪门》，法律出版社，2000年，第507页。
③ 史金波、聂鸿音、白滨：《天盛改旧新定律令》卷一三《执符铁箭显贵言等失门》，法律出版社，2000年，第507页。
④ 邵敏校注：《嘉靖宁夏新志》卷一《宁夏总镇·水利》，中国社会科学出版社，2015年，第18页。

依次序灌溉"等条文。① 《渠水门》在规定对渠道断破责任者处罚时，也有涉及灌溉法的内容，"节亲、宰相及他有位富贵人等若殴打渠头，令其畏势力不依次放水，渠断破时，所损失畜物、财产、地苗、佣草之数，量其价，与渠头渎职不好好监察，致渠口破水断，依钱数承罪法相同。所损失畜物、财产数当偿二分之一"。又 "诸人予渠头贿赂，未轮至而索水，致渠断时，本罪由渠头承之，未轮至而索水者以从犯法判断"。还如 "渠水巡检、渠主诸人等不时于家主无理相□，决水，损坏垫版，有官私所属地苗、家主房舍等进水损坏者"，处罚与蓄意放火罪同。② 毛细渠灌水最容易引起纠纷，各租户家主的田地往往是隔垄相邻，下水田进水要经过上水田畦垄间，故稍不留意，水便浸漫过垄，冲淹邻家的禾苗，对此《天盛律令》也有明确规定，"租户家主沿诸供水细渠田地中灌水时，未毕，此方当好好监察，不许诸人地中放水。若违律无心失误致渠破培口断，舍院、田地中进水时，放水者有官罚马一，庶人十三杖。种时未过，则当偿牛工、种子等而再种之。种时已过，则当以所损失苗、粮食、果木等计价则偿之。舍院进水损毁者，当计价而予之一半。若无主贫儿实无力偿还工价，则依作错法判断。若人死者，与遮障中向有人处射箭投掷等而致人死之罪相同"。③

（3）筑路植树

水利灌溉是一个系统工程，除纵横交错的渠道外，还有大大小小的桥梁道路和纵横交错的防护林带。沿唐徕、汉延等干渠的

---

① 该门正文缺佚，只保留目录。

② 史金波、聂鸿音、白滨：《天盛改旧新定律令》卷一五《渠水门》，法律出版社，2000 年，第 501 页。

③ 史金波、聂鸿音、白滨：《天盛改旧新定律令》卷一五《地水杂罪门》，法律出版社，2000 年，第 506 页。

大道、大桥的修治由转运司核准，官府出资修筑。沿支渠的道路和桥梁经转运司批准，农户出资出工修筑，官府派员监督。斗渠的道桥由附近家主指挥农户修治。如果应建桥不建、破损不维护以及大小道断毁、占道为田、道内放水等时，要追究渠水巡检、渠主的罪责。《桥道门》："沿诸渠干有大小各桥，不许诸人损之。若违律损之时，计价以偷盗法判断。""大渠中唐徕、汉延等上有各大道、大桥，有所修治时，当告转运司，遣人计量所需笨工多少，依官修治。""沿大渠干有各小桥，转运司亦当于租户家主中及时遣监者，依私修治。依次紧紧指挥，无论昼夜，好好监察。""沿诸小渠有来往道处，附近家主当指挥建桥而监察之，破损时当修治。若不建桥不修治时，有官罚钱五缗，庶人十杖，桥当建而修治之。""诸租地中原有官大道，不许断破、耕种、沿道放水等，若违律时有官罚马二，庶人徒三个月。""诸大小桥不牢而不修，应建桥而不建，大小道断毁，又毁道为田，道内放水等时，渠水巡检、渠主当指挥，修治建议而正之。若渠水巡检、渠主见而不告，不令改正时，与放水断道等罪同样判断。"[1]

防护林具有护岸、护道、护田、固沙的功能，护岸林是栽种在渠道、河流两岸，减轻流水对堤岸的冲刷；护路林指的是栽种在道路旁，减轻风沙对道路的冲击；护田林是栽种在农户田埂或毛细渠边，改善农田小气候，创造有利于农作物生长发育的环境。这些人工树木共同的特点是防风固沙，通过减轻冲刷、降低风速、固定沙丘，达到保护农田、水渠和道路的目的。当然在固沙防护的同时，以杨柳为主的速生林，还是生产生活材植的重要来源。

---

[1] 史金波、聂鸿音、白滨：《天盛改旧新定律令》卷一五《桥道门》，法律出版社，2000年，第504页。

法律规定了"京师界沿诸渠干上△有处需椽，则春开渠事兴，于百伕事人做工中当减一伕，变而当纳细椽三百五十根，一根长七尺，当置渠干上"。①

西夏非常重视护岸林的建设，规定官渠两岸租户、官私家主应在所属渠段栽植柳、柏、杨、榆及其他树木，令其成材，与原林木一同监护，除按时剪枝和轮伐补植外，不准随意采伐，不准牲畜入食，不许剥皮、斫刻，违者问罪。《地水杂罪门》："沿唐徕、汉延诸官渠等租户、官私家主地方所至处，当沿所属渠段植柳、柏、杨、榆及其他种种树，令其成材，与原先所植树木一同监护。除依时节剪枝条及伐而另植以外，不许诸人伐之，转运司人中间当遣胜任之监察人。"②渠水巡检、渠主是防护林建设的直接责任人，指挥所属渠段农户依时节植树，如果他们"不紧紧指挥租户家主，沿官渠不令植树时，渠主十三杖，渠水巡检十杖，并令植树"。另设树木护林员，如果有人盗伐，许人举赏，依偷盗法判罪，护林员因监护不力，将给予一定的处罚。护林员举告，因是职责所在，则不领赏。护林员监守自盗时，无论盗伐多少，"一律庶人十三杖，有官罚马一"。③另外，转运司还派出专门的植树监察人，巡查林木栽种与保护情况。

5. 生产工具

西夏农业的发展还表现在生产工具与生产技术的进步方面。

---

① 史金波、聂鸿音、白滨：《天盛改旧新定律令》卷一五《渠水门》，法律出版社，2000年，第503页。

② 史金波、聂鸿音、白滨：《天盛改旧新定律令》卷一五《地水杂罪门》，法律出版社，2000年，第505页。

③ 史金波、聂鸿音、白滨：《天盛改旧新定律令》卷一五《地水杂罪门》，法律出版社，2000年，第506页。

西夏文《番汉合时掌中珠》与《文海》等文献中记载了诸多西夏的农具，有犁、耙、镰、锹、镐、子楼、石磙、刻叉、簸箕、扫帚等。《文海》中"犁"释"犁铧也，耕用农器之谓也"。[①]

犁铧是我国古代农业进入深耕的标志，而犁是我国古代农业由粗放型向精耕细作型转变的产物。只要自然环境没有出现明显变化，犁铧、犁壁的配套使用，必然会提高粮食产量。在原西夏境内的不同地区，出土了多件犁铧、犁壁，表明西夏时期的农民广泛使用此类农具，为提升西夏的粮食产量创造了良好的条件。

2013 年，宁夏博物馆收藏了几件西夏铁犁，其中一件铁犁长 28 厘米，宽 24 厘米，厚 7.5 厘米，重 1720 克。整体似三角形，尾端中部有装木柄的銎，銎部有一圆形小穿孔，残损。

另一件铁犁长 38 厘米，宽 30 厘米，厚 9 厘米，重 2860 克。整体似三角形，尾端中部有装木柄的銎，銎部有一圆形小穿孔，残损，见图 2-10。[②]

图 2-10　宁夏博物馆藏西夏铁犁

出土西夏犁铧入土部分均为铁质。其整体呈三角，比汉至唐代以舌形为主的更易入土，其銎部正反两面凸起，较汉至唐代銎部一面凸起的更坚实耐磨，半圆凹形签比前代签口前后齐平，

---

① 史金波、白滨、黄振华：《文海研究》，中国社会科学出版社，1983 年，第 479 页。
② 塔拉、李丽雅：《西夏文物》（宁夏编六），中华书局，2014 年，第 2629-2636 页。

更为节省材料。西夏犁铧与宋、辽、金犁铧形制基本相同，只是銎口下方有一或两个用于钉入东西固定铧头的小孔，是沿用汉魏而同时代的宋、辽不曾出现的。其尺寸大小接近汉魏而大于唐、宋、金。[①]

西夏畜牧业十分发达，广泛采用牛耕。《文海》"耧"释："埋籽用，汉语耧之谓"；"种"释"撒谷物籽种田地之谓"。[②]说明播种主要有耧播与撒播两种。大致糜粟、小麦耧播，荞麦撒播，因为荞麦颗粒大而呈三角形，耧播下籽不畅，加之播种时要拌以灰肥，只能撒播，时至今日仍沿袭这种传统的播种方法。文献没有记载点播，但自秦汉以来就对来不及秋耕的茬地，用犁浅耕开沟，点下种子，西夏也可能存在这种播种方式。[③]

宁夏博物馆藏西夏鎏金铜牛，青铜质。长120厘米，宽38厘米，高45厘米，重188千克。模制浇铸成型，中空，外表通体鎏金。牛屈肢而卧，牛角耸立，两耳竖起，双眸远眺，四肢有力，体态健壮，比例匀称，线条流畅，形象逼真，个体硕大，牛颈有弧纹。完整。1977年宁夏回族自治区银川市西夏陵区出土。同年入藏宁夏博物馆。1996年被定为一级文物（图2-11）。

图2-11　宁夏博物馆藏西夏鎏金铜牛

① 李玉峰：《西夏犁铧考》，《宋史研究论丛》，第23辑，第336页。
② 史金波、白滨、黄振华：《文海研究》，中国社会科学出版社，1983年，第504、521页。
③ 杜建录：《再论西夏的农业》，《中国农史》，2003年第1期，第42页。

第五节　元代引黄古灌区的恢复和发展

一、建置沿革

西夏宝义二年（公元 1227 年），西夏末主李晛奉图籍，携百官出城投降，西夏版图尽归蒙元。元太宗窝阔台将西夏故地分封给他的次子阔端，阔端建王府于凉州，并以此为封地，开始南征北战并管理藏区。

元朝（公元 1206—1368 年）是蒙古族建立的大一统王朝，实行中书省和行中书省的行政建置，在全国共设 11 个行中书省。而行中书省下设路、府、州、县四级行政组织，其中甘肃行中书省下设路七，州二，属州五。至元八年（公元 1271 年）立西夏中兴等路行尚书省，至元二十五年（公元 1288 年），置宁夏路总管府，即西夏中兴府。元贞元年（公元 1295 年）革宁夏路行中书省，并其事于甘肃行省。辖今宁夏北部地区，领有灵州、鸣沙州、应理州、中兴州、定州的宁夏府路（于至元二十五年由中兴路改名而来）。然今宁夏南部地区，领广安州、开城县开城府，归陕西行中书省管辖（图 2-12）。

宁夏府路原称中兴府，至元二十五年置路，辖州三。至元初年（公元 1264 年），董俊在此率民大兴水利，招抚逃民，省内各地"民之归者户四五万"。[①] 七年十二月，原已迁入怀孟路的南方人 1800 余户迁入中兴府及其所在的河西地区。[②] 八年，来自随州

---

① ［明］宋濂：《元史》卷一百四十八《董俊传》，中华书局，1976 年，第 349 页。
② ［明］宋濂：《元史》卷七《世祖纪》，中华书局，1976 年，第 127 页。

和鄂州的 1107 户约 1 万余人迁入中兴府居住，十一年被编为屯田户。[①] 十二年，4800 余户南方人迁入中兴府，设怀远、灵武二县以安置之。[②]

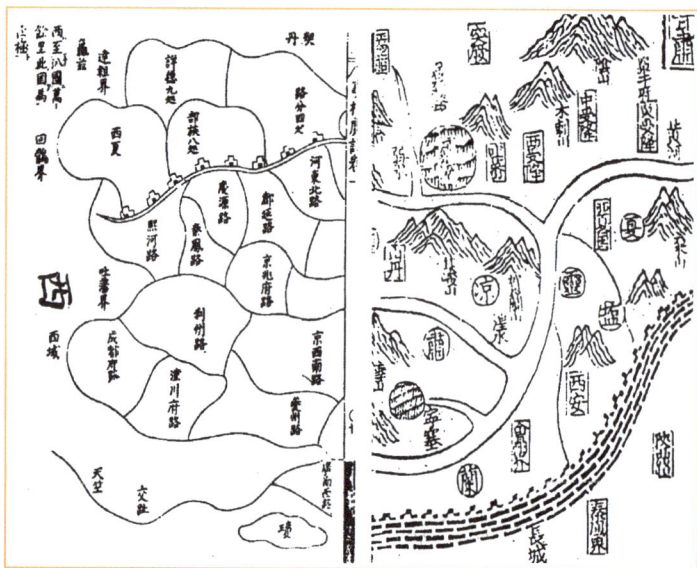

图 2-12　《元华夷一统图》插图

二、蒙夏战争对水利的破坏

蒙古族在漠北兴起，公元 1206 年，铁木真统一蒙古诸部，在斡难河畔被推为成吉思汗。随着其崛起，蒙古开始了征伐之路，首先将矛头对准西夏，通过六次大规模战争，西夏灭亡，西夏境内生产和生活遭到巨大破坏。

西夏应天四年（公元 1209 年），成吉思汗亲率大军自黑水城北兀剌海关口入侵西夏，七月抵达中兴府的外围要塞克夷门，九

---

① ［明］宋濂：《元史》卷一百《兵志·屯田》，中华书局，1976 年，第 2553 页。
② ［明］宋濂：《元史》卷八《世祖纪》，中华书局，1976 年，第 164 页。

月兵临中兴府。蒙元大军见中兴府一时间无法攻克，于是引黄河水灌城，城中居民淹死极多。当中兴府城垣被水淹浸，即将倒塌，适逢外堤溃决，水势四溃，城外蒙古大军也被水淹，只得撤退。[①]蒙古大军虽然退兵，但是将中兴府四围的农田水利设施摧毁殆尽。

宝义元年（公元 1226 年），成吉思汗遣使责西夏不派兵随从西征并率劲旅伐夏。十一月，成吉思汗率军进攻灵州，睍遣嵬名令公统率十余万军队来援，蒙古军渡河邀击，夏军被歼，大军争掠子女财帛。[②]十二月，蒙古大军既破诸城邑，以大兵久驻盐州川，四面搜杀遗民。民至穿凿土石避之，免者百无一二，白骨蔽野，数千里几成赤地。[③]

宝义二年（公元 1227 年）春，七月，末帝李睍献城投降，被蒙军执杀，西夏灭亡。蒙古帝国在征服西夏的过程中，"有旨：戈矛所向，耆髫无遗"。[④]

三、元初动荡和农业恢复

西夏灭亡后，宁夏地区自"蒙古灭西夏以来，三十余年间未曾恢复元气"。本来西夏实行全民皆兵的部落兵制，夏国营田，实占正军，一有征调，辄妨耕作，所以土瘠野旷，兵后尤甚。连年战乱致使兵力消耗殆尽，民力不足，加之居民避兵乱而逃徙，

---

① ［明］宋濂等撰：《元史》卷一《太祖本纪》，中华书局，1976 年，第 14 页。
② ［明］宋濂等撰：《元史》卷一《太祖本纪》，中华书局，1976 年，第 24 页。
③ ［清］吴广成撰，龚世俊校证：《西夏书事校证》卷四十二，甘肃文化出版社，1995 年，第 498 页。
④ 李修生主编：《全元文》卷八百《师氏先茔碑铭》，凤凰出版社，1998 年，第 384 页。

后西夏故地全部被赐作蒙古诸王、驸马分地，西夏遗民编入蒙古军籍，从征作战，大批蒙古牧民徙入西夏故地进行游牧，致使大批田野荒芜，"土瘠野圹，十未垦一"。

中统元年（公元 1260 年）三月，忽必烈成为大蒙古国皇帝即蒙古帝国大汗。同年九月，浑都海自六盘山起兵，与南下之阿蓝答儿会师于甘州，叛军与忽必烈军对峙，遭诸王合丹等迎击，兵败甘州东耀碑谷，被俘处死，历时三个月的浑都海、阿蓝答儿之乱虽很快被平叛，然西夏故区重燃战火，不仅所在郡县的府库被抢劫一空，而且原本稀少的居民为了逃避兵乱，也纷纷逃匿山谷，使宁夏地区的社会经济又遭受到了严重的破坏，水利设施亦不能幸免，正所谓"兵乱以来，废坏淤浅"。

元代统治者发现要想巩固统治、长治久安，必须"帝中国当行中国事"[1]，"必行汉法，乃可长久"[2]，实行屯田。在元代正式进入宁夏平原屯田之前，有一些田地是由僧人耕种的，"凡良田为僧所据者，听蒙古人分垦"[3]。说明西夏灭亡之后，一部分僧人没有离开而是坚守耕种。只是前后屯田的目的不一样，建国前是军事性质，"且耕且战"[4]，旨在夺取城池。实际上早在忽必烈即位之前，蒙古政府就把京兆等地无籍游民徙往灵州屯田。[5]

---

① ［明］宋濂等撰：《元史》卷一百六《徐世隆传》，中华书局，1976 年，第 3769 页。

② ［清］毕沅撰：《续资治通鉴》卷第一百七十八《度宗纪》，中华书局，1999 年，第 4859 页。

③ ［明］宋濂等撰：《元史》卷六《世祖纪》，中华书局，1976 年，第 110 页。

④ ［明］宋濂等撰：《元史》卷四十五《顺帝纪》，中华书局，1976 年，第 935 页。

⑤ ［明］宋濂等撰：《元史》卷四十五《廉希宪传》，中华书局，1976 年，第 3085 页。

至元九年（公元 1272 年）二月"诏诸路开浚水利"①，忙哥剌以李德辉为王相负责屯田。至元二十三年（公元 1286 年）三月"浚治中兴路河渠"，②至元二十五年（公元 1288 年）正月"诏中兴、西凉无得沮坏河渠③，明确指出宁夏平原要不断加大引黄灌溉水利开发的力度。同时，至元二十六年（公元 1289 年）"复立营田司于宁夏府"，④这是忽必烈执政晚期在宁夏再度设立的屯田管理机构。数年后的至大元年（公元 1308 年），又在"宁夏立河渠提举司，秩五品"，⑤可见元代统治者对宁夏引黄灌溉的重视。

元朝屯田有一个特点，就是将汉族军民与少数民族杂居屯种，以达到便于统治的目的，这是基本的屯垦格局。元朝实行屯田的时间较早，在建国前的太宗窝阔台时期就有屯田，具体到宁夏屯田已是元朝建立以后的事。

元代宁夏屯田有两大特点：一是在六盘山腹地设立安西王府；二是元朝建立之前在宁夏设立中兴行中书省。南北机构设置层级高，相对有独立的管理权限，但多民族杂居屯田的格局没有改变。

宁夏平原屯田是元代重要的屯田区，中兴行中书省最终迁往甘州后为宁夏屯田大发展设立了宁夏营田司、宁夏路安抚司、宁夏路放良官、宁夏等处新附军万户府屯田等专门的屯田管理机构，分别管理不同类型的屯田。

据赵俪生先生主编的《古代西北屯田开发史》记载，元代宁

---

① ［明］宋濂等撰：《元史》卷七《世祖纪》，中华书局，1976 年，第 140 页。
② ［明］宋濂等撰：《元史》卷十四《世祖纪》，中华书局，1976 年，第 287 页。
③ ［明］宋濂等撰：《元史》卷十五《世祖纪》，中华书局，1976 年，第 308 页。
④ ［明］宋濂等撰：《元史》卷十五《世祖纪》，中华书局，1976 年，第 321 页。
⑤ ［明］宋濂等撰：《元史》卷二十二《武宗纪》，中华书局，1976 年，第 502 页。

夏平原屯田大致如下。枣园等处屯田： 至元八年（公元 1271 年）正月，徙南宋随州（今湖北随州市）、鄂州（今湖北武汉市武昌区）降民 1107 户安置中兴府，① 数年后正式编为屯户，在枣园等处屯田 1800 顷。因属于民屯，隶属宁夏营田司管辖。

鸣沙州屯田： 至元十一年（公元 1274 年），忽必烈根据宁夏安抚司请求，同意在鸣沙州（今中宁县）兴办民屯，有屯田 446.50 顷，屯户 904，由宁夏路放良官管理。②

中兴府屯田： 至元二十三年（公元 1286 年），"徙戍甘州新附军千人屯田中兴（今宁夏银川）"。③

塔塔里屯田： 至元十九年（公元 1282 年）至二十一年（公元 1284 年），忽必烈命于西安州置司，塔塔里置屯田。西安州，即今宁夏海原县西安乡。塔塔里屯田 1498.33 顷，有屯户 2340 户，属于军户，归宁夏等处新附军万户府管理。

元代建立后，战争带来的灾难和创伤亟待赈救和修补。宁夏平原黄灌区的粮食生产是宁夏乃至西北地区稳定和发展的重要基础，元朝统治者不敢掉以轻心，对农田水利建设十分重视，一边召集流民归田，一边屯田垦荒，兴修水利。

四、元代水利开发与治水人物

1. 朵儿赤

《元史·朵儿赤传》记载，朵儿赤（公元 1246—1307 年），

---

① ［明］宋濂等撰：《元史》卷一百《兵志·屯田》，中华书局，1976 年，第 2569 页。

② ［明］宋濂等撰：《元史》卷六十《地理志》，中华书局，1976 年，第 1451 页。

③ ［明］宋濂等撰：《元史》卷十四《世祖纪》，中华书局，1976 年，第 293 页。

字道明，西夏宁州人。其父斡扎箦降元后，曾一度被任命为中兴路管民官，且负责蒙古大军西征的粮饷运输之责，当是元初较早负责农田水利的官吏。

正是因为目睹了西夏故地的破败，以及其父斡扎箦对中兴路营田的管理，使得年少的朵儿赤在面对元世祖忽必烈时，能有一番自己关于农田的见解。元世祖忽必烈以西夏子弟多俊逸，欲试用之，召见朵儿赤于香阁，世祖问他想要何仕，朵儿赤对曰："西夏营田，实占正军，傥有调用，则又妨耕作。土瘠野圹，十未垦一。南军屯聚以来，子弟蕃息稍众，若以其成丁者，别编入籍，以实屯力，则地利多而兵有余矣。请为其总管，以尽措画。"帝可之，授予朵儿赤中兴路新民总管。①

通过以上朵儿赤与元世祖的对话我们不难看出，此时西夏故地已经恢复营田，但是苦于劳动力严重缺乏，加之西夏全民皆兵族兵制，男子十五为丁，二丁取正军一人，②元代征调正军即占用男丁，故会妨碍耕作，使原本空旷的田野十未垦一。西夏正军成为元代军户，其来源一系昔日西夏军队，随主将附蒙；一为由西夏居民成为元朝属民，元朝签发而落籍为军户。如至元十二年（公元 1275 年），"遣肃州达鲁花赤阿沙签河西军"；③至元十六年（公元 1279 年）九月，"诏河西地未签军之官，及富强户有物力者签

---

① ［明］宋濂：《元史》卷一三四《朵儿赤传》，中华书局，1976 年，第 3254 页。
② 《宋史》载："其民一家号一帐，男年登十五为丁，率二丁取正军一人。每负赡一人为一抄。负赡者，随军杂役也。四丁为两抄，余号空丁。愿隶正军者，得射他丁为负赡，无则许射正军之疲弱者为之。故壮者皆习战斗，而得正军为多。"（［元］脱脱：《宋史》卷四八六《夏国传》，中华书局，1977 年，第 14028 页。）
③ ［明］宋濂：《元史》卷八《世祖纪》，中华书局，1976 年，第 167 页。

军六百人"；①至元十八年（公元 1281 年）立唐兀卫亲军，"遣使籍河西六郡良家子以充之"。②

元初，还有部分南军屯驻西夏故地，南军者，宋元之际降元的宋军，或称新附汉军。元代的军队，包括蒙古军、汉军、新附军等。其中汉军是蒙古军队体系中的中原诸军，包括金朝降蒙的军队、中原各地的地方武装以及早期降蒙的南宋军队。新附军是宋元之际降元的宋军，或称新附汉军、南军。③元朝平定西夏以后，"世祖以其人刚直守义，嘉之，赐姓唐兀氏。俾附国籍，次蒙古一等，其俗自别旧羌为蕃，河西陷没人为汉"。④这些移驻的南军一方面会屯田，如至元二十三年（公元 1286 年），"徙戍甘州新附军千人屯田中兴"。⑤另一方面会将西夏正军从军防中解放出来，有更多时间和精力从事农业发展，故朵儿赤言"别编入籍，以实屯力，则地利多而兵有余矣"。劳动力的不断增多，使宁夏平原引黄灌区的农业生产很快得以恢复和发展。

对于朵儿赤的分析和建议，元世祖忽必烈采纳了他的建言，任命他为"中兴路兴民总管"。后世方志记载至元二十二年（公元 1285 年），敕多尔济召集甘、沙、肃等州流徙饥民。多尔济传，字道明，西夏宁州人，授中兴路新民总管，⑥故朵儿赤被任命之时

---

① ［明］宋濂：《元史》卷九八《兵志二》，中华书局，1976 年，第 2517 页。

② ［元］虞集著，王颋点校，《虞集全集·道园类稿》卷四二《彭城郡侯刘公神道碑》，天津古籍出版社，2007 年，第 1087 页。

③ 安华涛、唐启翠著：《"治黎"与"黎治"》，《黎族政治文化研究》，上海大学出版社，2012 年，第 81 页。

④ ［元］吴海：《闻过斋集》卷一《王氏家谱叙》，影印文渊阁四库全书，第 1217 册，台北：商务印书馆，1986 年，第 161 页。

⑤ ［明］宋濂等撰：《元史》卷十四《世祖纪》，中华书局，1976 年，第 293 页。

⑥ ［民国］窦鸿年纂：《民国郏志补》，江苏古籍出版社，1991 年，第 241 页。

当为至元二十二年左右，因有流民移迁，故为"新民"总管。到任之后的朵儿赤，"录其子弟之壮者垦田，塞黄河九口，开其三流。凡三载，赋额增倍，就转营田使"，将原来引黄灌区"塞九口，开其三流"，我们虽无法知道疏通了原来的哪三个渠口，但是其修缮管道、兴修水利之举是必然的。故经过三年，使中兴路的赋税比之前增加了几倍，因此，朵儿赤也被擢升为营田使。

任期满后，年轻的朵儿赤回朝述职，世祖大喜，升他为潼川府尹。当时官吏无禄田，朵儿赤将官府的空地按官品级分给官吏，由民耕种，薄征其税，作为官员俸禄。潼川地方官吏之有禄田，就是从这时开始的。[①]也说明西夏故地经西夏遗民朵儿赤父子的管理，屯田有了大幅度的恢复，虽距往昔的繁华还有很大的差距，但也正式拉开了元代宁夏引黄灌溉的序幕。

2. 董文用

《元朝名臣事略》卷十四《内翰董忠穆公行状》载：董文用，字彦材，忠献公之弟也。初事潜邸，中统初，大名宣抚司奏为左右司郎中，历兵部及西夏行省郎中，至元七年（公元 1270 年），除山东道劝农使。至元改元，召为西夏中兴等路行省郎中，中兴自浑都海之乱甫定，民间相恐，动窜匿山谷，而省臣方入奏，同僚不知所为，公曰"宜镇以静"，乃为书置道谕之，然后粗安。始开唐来、汉延、秦家等渠，垦中兴、西凉、甘、肃、瓜、沙等州之土为水田若干，于是民之归者户四五万，悉授田种，颁家具，

① ［民国］叶昌炽撰：《邠州石室录》《朵尔赤装象题字》（一行八字，字径五寸，年月双行小字真书）载："以西夏子弟召见，授中兴路新民总管。至官，塞黄河九口，开其三，流赋增倍，转营田使，秩满入觐升潼川府尹。"吴兴刘氏嘉业堂刻本，1915 年，第 166 页。

更造舟置黄河中，受诸部落及溃叛之来降者。①

《道园学古录》卷二十《翰林学士承旨董公行状》载：公讳文用，字彦材，元帅公第三子也。公生十年，元帅公死。……改元至元之岁也，上曰："董某安在？年始壮不使为国效力，今安在？"召授金符为西夏中兴路行省郎中。中兴自浑都海之乱甫定，民间相恐，动窜匿山谷，而省臣方入奏，同僚不知所为，公曰："吾死不可以去此，宜镇以静。"乃为书置道谕之，然后粗安。始开唐来、汉延、秦家等渠，垦中兴、西凉、甘、肃、瓜、沙等州之土为水田若干，于是民之归者户四五万，悉授田种，颁家具，更造舟置黄河中，受诸部落及溃叛之来降者。②

浑都海在六盘山发动叛乱后，影响宁夏平原的屯垦，屯田户面对乱世都逃匿山林。董文用是元代著名水利专家，朝廷委任其为西夏中兴等路行省郎中。他到宁夏后，"乃为书置通衢谕之，民乃安。始开唐来、汉延、秦家等渠，垦中兴、西凉、甘、肃、瓜、沙等州之土为水田若干，于是民之归者户四五万，悉授田种，颁家具，更造舟置黄河中，受诸部落及溃叛之来降者"。③这"四五万户"归来者，有一部分属于甘肃河西走廊的屯田户。

至元元年（公元 1264 年），元世祖任命董文用（公元 1223—1297 年）为西夏中兴等路行省（后改为甘肃行省）郎中，主办河西水利、垦荒等事宜。在董文用主持下，元代甘肃行省"始开唐涞、

---

① ［元］苏天爵撰，姚景安点校：《元朝名臣事略》卷十四《内翰董忠穆公行状》，中华书局，1996 年，第 279 页。

② ［元］虞集撰：《道园学古录》卷二十《翰林学士承旨董公行状》，上海涵芬楼景印，明景泰翻元本，第 373 页。

③ ［明］张溥辑：《元文类》卷二十四《翰林学士承旨董公行状》，明段君定刻本，第 1159 页。

汉延、秦家等渠，垦中兴、西凉、甘、肃、瓜、沙等州之土为水田若干，于是民之归者户四五万，悉受田地，颁农具，更造舟置黄河中，授予诸部落及溃叛之来降者"。[①]"溉田十数万顷，人蒙其利"。[②]朝廷还指派重臣唆脱颜和水利专家郭守敬随张文谦到西夏中兴等路行省考察并规划水利建设，并要求他们画出详细的水利图奏上，由皇帝亲览过问。

3. 郭守敬

郭守敬（公元 1231—1316 年），字若思，顺德路邢台（今河北邢台市）人，元代大科学家、天文学家和水利专家。

至元元年（公元 1264 年）正月，郭守敬和唆脱颜一起，被忽必烈派遣视西夏河渠。到西夏故地之后，他首先沿着黄河两岸实地踏勘，对宁夏平原地区的正渠、支渠的数量、长度、溉田亩数等进行了详细的调查，并深入了解当地地势、水情、水利灌溉历史和治水、治淤的经验，回朝后"俾具图来上"。[③]

同年秋七月，元朝又以中书左丞张文谦行宁夏中兴等路尚书省事，郭守敬再次追随张文谦至宁夏，具体负责宁夏治水复屯事宜（图 2-13）。

当时的西夏故地地区，几经战争，社会经济遭到严重破坏，历史悠久的引黄灌区呈现"古渠淤坏，泥沙淤浅"，已无法正常发挥灌溉作用了，"田野荒芜，生灵涂炭"，一片惨淡景象。据元代苏天爵编写的《元文类》（卷五十）和齐履谦的《知太史院

---

① ［明］黄汝亨：《廉吏传》《元·董文用上》；［元］苏天爵撰，姚景安点校：《元朝名臣事略》卷十四《内翰董忠穆公行状》，中华书局，1996 年，第 279 页。

② ［明］宋濂：《元史》卷一百五十七《张文谦传》，中华书局，1976 年，第 3697 页。

③ ［明］宋濂：《元史》卷五《世祖本纪》，中华书局，1976 年，第 97 页。

图 2-13　郭守敬像

事郭公行状》记载："至元改元，从忠宣公行省西夏，兴复濒河诸渠。先是，西夏濒河五州皆有古渠。其在中兴者，一名唐来，长衮四百里；一名汉延，长衮二百五十里。其余四州，又有正渠十，长衮各二百里，支渠大小共六十八。计溉田九万余顷。兵乱以来，废坏淤浅，公为之因旧谋新，更立闸堰。役不逾时，而渠皆通利，夏人共为立生祠于渠上。"①

为了修浚故渠，郭守敬亲自指导的一次大规模的水利修复工程开始了。当时有人主张废弃旧渠，另开新渠，郭守敬经过调查研究后，提出"因旧谋新"的意见，否定了另开新渠的主张，他认为那样既费工又费时，重点应放在修复疏通旧有管道上。经过实地勘查，他提出建滚水坝以减弱水势，在管道引水处筑堰以提高水位，建渠首进水闸以保证管道有充足水量，建退水闸以调节流量等技术方案。在他的指导下，元初在宁夏地区的水利建设中，普遍采用了新的工程技术，修筑渠、堰、陂、塘，大都使用了调节水量的"牌堰"，即水坝和水闸（斗门）。水坝和水闸起到了控制水流、水量的作用，旱则开闸引水入田，以收灌溉之利；涝则关闭闸门，以避泛滥之灾，使整个灌溉系统具有很好的灌溉和防洪效益。

---

① ［元］苏天爵撰：《元朝名臣事略》卷九《太史郭公》，中华书局，1996，第 149 页。

在宁夏屯田军民的大力支持下，经过数年的辛勤劳动，共修复疏浚兴、灵、应理、鸣沙等四州主干渠 12 条（含唐徕、汉延二渠）、支渠 68 条，使 9 万余顷土地恢复了灌溉。这次修复的沿河管道坝闸，设计精细，质量坚固，直到明代中期还在继续使用，《嘉靖宁夏新志》卷一《宁夏总镇·水利》："逮今两坝桥梁，尚其遗制，工作甚精。"[①]就是在当今，宁夏引黄灌区仍普遍采用坝闸节制水量的办法。可以这样评价，从兴筑水渠到建筑水坝和水闸，是人类由储水到控水认识上的一个飞跃，是人工灌溉史上的一个进步。

至元二年（公元 1265 年），郭守敬由提举诸路河渠迁都水少监。在修浚旧有管道的基础上，又开挖了几条新渠。至元三年（公元 1266 年），西夏中兴等路行省郎中董文用与郭守敬在应理州（今宁夏中卫市）修筑蜘蛛渠（美利渠），灌溉中卫地区近 3000 亩农田，使当地农业获得丰收，官府的赋税收入也增加了。

郭守敬不仅实地探查，因旧谋新，更立闸堰，恢复了宁夏引黄灌溉，更是"尝挽舟溯流而上，究所谓河源"。他还考察了查泊、兀郎海（今内蒙古乌梁素海）一带，认为这里的许多古渠修复后可以利用，并将此事奏言："舟自中兴沿河四昼夜至东胜，可通漕运，及见查泊、兀郎海古渠甚多，宜加修理。"

至元十二年（公元 1275 年），忽必烈采纳郭守敬的建议，下令在中兴州至东胜黄河段上设立了十处水上驿站。下令建立了应理州至东胜的水运驿站，这段水道全长 850 多千米，在宁夏境内约 400 千米，沿途设驿站 10 个，其中在宁夏的有应理州、鸣沙州、灵州、中兴等水站。有驿船 66 艘，配水手 200 人，每个驿站给牛

---

① 邵敏校注：《嘉靖宁夏新志》卷一《宁夏总镇·水利》，中国社会科学出版社，2015 年，第 18 页。

10 头、羊 100 只，并置驿舍，拨耕地。此段漕运的开辟和水上驿站的设置，便利了西夏粮食外运，改善了西夏与上都、大都间的交通，加强了西夏故地与元朝的联系，此后，宁夏的黄河航运业逐步发展起来。

经过郭守敬一系列的治水措施，宁夏屯田事业也大规模地兴办起来，西夏故地出外逃难的人们又陆续回到家乡，重建家园。黄河两岸又呈现出一派兴旺景象，汩汩渠水浇灌着千里沃野。朝廷为了表彰郭守敬治水的功绩，提升他为都水少监。为了感谢这位伟大卓越的水利专家，西夏故地的人民在河渠之上为他修建了一座生祠，以纪念他不可磨灭的功绩。[1]

至元十三年（公元 1276 年）都水监并入工部，郭守敬遂除工部郎中，是年改治新历，十六年（公元 1279 年）迁同知太史院事历，成拜太史令。二十九年（公元 1292 年）修会通河命提调通惠河漕运事。三十一（公元 1294 年）年拜昭文馆大学士、知太史院事，累请致仕不许，延祐三年（公元 1316 年）卒，年八十六。[2]

第六节　明朝引黄灌溉工程兴修

一、建置沿革

公元 1367 年，朱元璋灭元后，定都应天府，建立明朝（公元 1368—1644 年）。明改元中书省和行中书省的建制为直隶和布政

---

① 孙琦，刘柳：《黄河述说》，黄河水利出版社，2018 年，第 84-86 页。
② ［元］苏天爵：《元朝名臣事略》卷九《太史郭公行状》，中华书局，1996 年，第 149 页。

使司，"布政使司分领府、州、县及羁縻诸司"。

明朝曾设宁夏府，洪武五年（公元1372年）废。由于北方边疆不靖，明政府遂在北方边陲要地设辽东、蓟州、宣府、大同、榆林、宁夏、甘肃、太原、固原九镇，史称"九边重镇"，洪武九年（公元1376年）立宁夏卫。其军镇之下，"皆分统卫、所、关、堡，环列兵戎"，成为军政合一、屯防兼备的特殊行政区域。在今宁夏北部地区，不设府、州、县建制，而设宁夏镇统辖卫、所、堡、寨，上隶陕西都指挥使司管辖。宁夏镇先领宁夏卫，后又增宁夏左屯卫、宁夏右屯卫、宁夏中屯卫和宁夏前卫、宁夏中卫、宁夏后卫计称七卫，下辖灵州千户所、宁夏平虏守御千户所、兴武营守御千户所、宁夏群牧千户所。

二、明代戍边军屯与水利开发

1. 移民屯田

宁夏镇是明"九边重镇"之一，它处于"旱则赤地千里，潦则洪流万顷"的西北之地，要解决这里的军饷问题，传统的屯田不失为一种行之有效的办法，而要进行屯田，人口是亟待解决的问题，人口的不足，既不利于社会的稳定和农业经济的恢复，也不利于边防的巩固。

《明史》记载，太祖洪武五年（公元1372年），元兵入犯武、朔，徐达遣陈德、郭子兴击破之。太祖乃徙其民于内地。[1]史料语言未详，然宁夏地方志书多有记载，《嘉靖宁夏新志》载："国初立宁夏府，洪武五年废，徙其民于陕西。""后论徙其民于长安，

---

① ［清］张廷玉：《明史》卷三二七《鞑靼传》，中华书局，2003年，第8464页。

遂空。"一度使宁夏府、鸣沙州等城成为空城。弘治《宁夏新志》卷三在论述灵州守御千户所时提及："洪武三年（公元 1370 年）徙其民于关内。"《太祖洪武实录》卷八一载："洪武六年（公元 1373 年）四月壬申，太仆寺承梁埜仙帖木儿言'黄河迤北宁夏所辖境内，及四川西南至船城、东北至塔滩，相去八百里，土田膏沃，舟楫通行，宜命重将镇之，俾招集流亡，务农屯田，什一取税，兼行中盐之法，可使军民足食'。"①洪武九年（公元 1376 年）开始陆续征调内地军民移居屯守，逐步恢复对该地区的军政管理。洪武十七年（公元 1384 年）以故城为河水崩陷，惟遗西南一角，于故城北七里筑城。编集原遗土民及他郡工役民夫之忘归者，为瓦渠、枣园、苜蓿、板桥四里，属宁夏卫经历司。②

明政府规定："移民就宽乡，或招募或罪徙者为民屯，皆领之有司。而军屯则领之卫所。边地，三分守城，七分屯种。内地，二分守城，八分屯种。每军受田五十亩为一分，给耕牛、农具，教树植，复租赋，遣官劝输，诛侵暴之吏。……永乐初，定屯田官军赏罚例：岁食米十二石外余六石为率，多者赏钞，缺者罚俸。又以田肥瘠不同，法宜有别，命官军各种样田，以其岁收之数相考较。"③至永乐初年（公元 1403 年），"宁夏四卫、马、步、旗军二万四百一十三人……实用一万四千一百八十四人，耕田八千三百三十七顷有奇"④，宁夏总兵何福积谷尤多，受到赐敕褒美。洪武二十五年（公元 1392 年），又于宁夏设左屯卫、右屯

①［清］张廷玉：《明史》卷七七《食货志一》，中华书局，2003 年，第 1883 页。
②［明］王珣修，范宗兴签注：《弘治宁夏新志》卷三《灵州守御千户所》，宁夏人民出版社，2010 年，第 117 页。
③［清］张廷玉：《明史》卷七七《食货志一》，中华书局，2003 年，第 1884 页。
④黄彰健校勘：《明实录·明太宗实录》卷十七，中华书局，2016 年，第 315 页。

卫、中屯卫，专事屯田，而宁夏卫、宁夏前卫军士则是六分屯田、四分守城。至永乐时，卫所屯堡之制更加完善："初，上（永乐）命边将置屯堡为守备，计每小屯五七所或四五所。择近便地筑一大堡，环一土城，高七八尺或一二丈，城八门，周以濠堑，阔一丈或四五尺，深与阔等，聚各屯粮当于内，其小屯量存逐日所用粮食，有警则人畜尽入大堡，并力固守。"① 宁夏各卫因地处边地，大抵是"三分守城，七分下屯"，"故于要害处分设墩台、哨卡，又在有田之处广修堡寨"，② 卫所与屯田相互表里，构成一个完整的体系。

据《嘉靖宁夏新志》载，至于屯田之役，始则正赋之外，惟挑渠，采草，既而增地亩银，已而增谷草，今又力役之征，谓兴毛起，取于民者，由简而渐繁矣。逋转以求生，固其情也，孰肯坐受其毙。是故原州、平虏诸所，白马诸城，应募而入籍者，宁夏之人十则八九。地以数易而耕畜以旷衍；而牧人费石余之粟，足以办终岁之差，故十数姓而朋一军之户，且有增无减。内则实而外则虚矣。虽多方以招致，峻法以勾摄，势自不能复焉。使田遗赋欠，拨丁陪补，为内地而驱佣人者，实又夏之屯也。古者或募民徙塞下，或徙民实塞下，皆藉乎内以充乎外。兹欲不出其地而募之，人将避屯役之重而资廪饩之供。苟实其兵，则屯必废矣。姑实其屯则兵仍虚矣。③

---

① 黄彰健校勘：《明实录·明太宗实录》卷一五五，中华书局，2016 年，第 1792 页。

② ［明］杨经、刘敏宽，牛达生校勘：《嘉靖万历固原州志》卷二，宁夏人民出版社，1985 年，第 141 页。

③ ［明］胡汝砺纂修，管律重修，陈明猷校勘：《嘉靖宁夏新志》，宁夏人民出版社，1982 年，第 80 页。

进入宁夏地区的各民族居民，从其移徙的方向看，可以分作两类：来自内地的移民和来自塞外的归附者。[①] 来自内地的移民，大部分是由国家调发的，他们来自五湖四海："洪武五年府废，徙其民于长安，改置宁夏卫，迁五方之人实之"，[②] "明洪武初，尽徙宁夏之民于他府所，其后复迁谪秦、晋、江淮之人以实之"，[③] "晏公庙，感应坊北。宁夏多江南人，故立是庙以祀之"。[④] 这样，由于明初宁夏从南方大量迁进移民，汉民就成为本地人数最多的居民。他们进入宁夏后，按划定的区域分散开来，分屯建卫，筑堡以居。进入宁夏的移民还有的是属于宗室藩王及异姓藩王的养马户或屯田军士。洪武年间，先后有 3 个同姓藩王和一个异姓藩王坐镇于宁夏地区，藩王们从其各地的封地上调拨了不少养马户和屯田军士进入此地，并建立承封司等管理机构。

明代进入宁夏地区的移民还有来自塞外的归附者。元朝末年到明朝初期，由于农民大起义的猛烈冲击，元王朝顷刻瓦解，一朝覆亡。许多蒙古人、色目人流徙塞外，一时依违不定。为了巩固边防，明王朝采取了招其旧附、就地消化的政策。太祖就明确指出："蒙古、色目，虽非华夏族类，然同生天地之间，有能知

---

① 霍维洮：《宁夏民族与社会发展研究》，宁夏人民教育出版社，2003 年，第 227 页。

② ［明］胡汝砺纂，管律重修，陈明猷校勘：《嘉靖宁夏新志》卷一，宁夏人民出版社，1982 年，第 62 页。

③ ［清］张金城、杨浣雨修纂，陈明猷点校：《乾隆宁夏府志》卷八《水利》，宁夏人民出版社，1992 年，第 124 页。

④ ［明］胡汝砺纂修，管律重修，邵敏校勘：《嘉靖宁夏新志》卷二，中国社会科学出版社，2015 年，第 73 页。

礼义，愿为臣民者，与中夏之人抚养无异。"①对投降的官员赐官授爵，加以怀柔。这种恩威并用的政策，也确使一批蒙古贵族投降明朝。永乐三年（公元1405年），鞑靼平章把都贴木儿、伦都灰儿就率众五千归附，明成祖亲自召见赐名封官安置归附者于甘肃凉州居住，并分别按其官职大小、地位高低，发给其数量不等的生产、生活资料："都督牛二十，羊一百五十，余有差。其随来军民，每户牛六，羊二十，家属给衣鞋布钞，令总兵宋晟加意抚恤。俟允诚等居处既定，选其中勇壮数百，参以官军三倍，于塞外侦逻。"②同时，还行文宁夏各地："自今有归附者给与如例。"这一政策的实施，使边境上出现了前所未有的安定局面，一时，归附者络绎不绝："永乐元年（公元1403年），官伯贴木儿等率家属自塔滩来归，至宁夏，总兵官何福遣送京师，命伯贴木儿为指挥使……仍命居宁夏。""满束儿灰等率众来朝，命为都指挥、指挥等职……俾居凉州、庄浪、宁夏三卫，仍各赐姓名。"③

永乐四年（公元1406年）十一月，明成祖又下令："答丹言有鞑官苦术贴木儿者，率家属百余口来宁夏归附。来则抚绥之。"同年八月，"鞑靼来归平章都连等百四十四人至北京……命还居宁夏"。

明初明太祖朱元璋的移民政策使得宁夏地区的移民达到了历史的高峰，迁移到宁夏地区的除了戍边将士、平民百姓之外，还

① ［明］陈建：《皇明通纪》之《启运录》卷三《成祖文皇帝纪》，中华书局，2007年，第106页。
② ［明］陈建：《皇明通纪》之《历朝资质通纪》卷四《成祖文皇帝纪》，中华书局，2007年，第417页。
③ ［明］陈建：《皇明通纪》之《历朝资质通纪》卷五《成祖文皇帝纪》，中华书局，2007年，第421页。

有从事地方管理工作的行政人员——文官，和流寓贬谪的文人，这些移民多出身于科举制度，有很好的文化修养与较高的文学创作水平，特别是庆靖王朱㮵的到来，使得明初形成了以庆王府为核心的文人群体，是明初宁夏诗坛的重要成员。

2. 水利开发

"水利者，农之本也，无水则无田"，明太祖朱元璋意识到恢复发展生产的根本在于兴修水利，谕曰："堤防颓圮，民废耕作。而军用浩繁，理财莫先于务农，故设营田司，命尔此职，巡行堤防水利之事，俾高无患干，卑不病潦，务以时宣泄，毋负委托。已，又以茂才所屯田积谷独充仞，而他将皆不及，申令各督率军士，及时开垦，以收地利。又下令田五亩至十亩者，栽桑麻木棉各半亩，十亩以上倍之有司亲临督劝，惰不如令者罚。""谓中书省臣曰为国，以足食为本，大乱未平，民多转徙失本业，而军国费资悉自民出。今春和时，宜令有司劝农事，勿夺其时，仍观其一岁之收获多寡，立为劝惩。"①

早在洪武三年（公元 1370 年），河州卫指挥使兼领宁夏卫事宁正，"修筑汉、唐旧渠，引河水溉田，开屯数万顷，兵食饶足"。②明代还开了一些新渠，多数在卫宁灌区，规模较小，在青铜峡灌区的靖房渠和金积渠，规模宏大。但因"石坚不可凿（遇到岩石）沙深不可浚（遇到了流沙）"，困难太大而没有成功。

洪武二十七年 （1394 年）明朝遣国子监生及人才分诣天下郡县，"督吏民修治水利，上谕之曰'耕稼衣食之源，民生之所资，

① ［明］徐光启，石声汉校：《农政全书校注》卷三《国朝重农考》，中华书局，2020 年，第 80 页。
② ［清］张廷玉：《明史》卷一三四《宁正传》，中华书局，2003 年，第 3905 页。

而时有旱涝，故不可已无备……朕尝令天下修治水利，有司不以时奉行，至令民受其患，今遣尔等往各郡县，集吏民乘农隙，相度其宜。凡陂塘湖堰可潴蓄以备旱熯，宣泄以防霖潦者，皆宜因其地势修治之，毋妄兴工役，掊克吾民'。"①

　　与前代相比，明代宁夏平原渠道的数量有了明显增加，修浚的力度也相对较大。明政府在宁夏平原新修了一批水渠，特别是在各干渠新建了一些支渠。根据《明一统志》卷三七《宁夏卫、宁夏中卫》的记载，英宗天顺朝宁夏镇水利情况见表2-3。②

表 2-3　　　　　　　　　英宗天顺朝宁夏镇水利情况

卫名	渠名	位置	灌田数	卫名	渠名	位置	灌田数
宁夏卫	汉延渠	卫城东南	10000 顷	宁夏中卫	中渠	卫城南 5 里	100 顷
	唐来渠	卫城西南	10000 顷		蜘蛛渠	卫城西 20 里	200 顷
	新渠	卫城南	数百		白渠	卫城东 20 里	90 顷
	红花渠	卫城南 5 里	700 顷		羚羊渠	卫城南 40 里	380 顷
	秦家渠	黄河东南	数百		石空渠	卫城东 20 里	60 顷
	汉伯渠	黄河东南	200 顷		枣园渠	卫城东 90 里	95 顷
					七星渠	卫城东南 120 里	120 顷
小计：灌田数 22000 顷				小计：灌田数 1045 顷			
总计：灌田数 23045 顷							

　　英宗天顺朝宁夏镇的水渠计有上述 13 条，其中在宁夏卫者有汉延渠、唐来渠、新渠、红花渠、秦家渠、汉伯渠，在宁夏中卫者有中渠、

---

① 黄彰健校勘：《明实录·明太祖实录》卷二三四，中华书局，2016 年，第 3415-3416 页。

② [明] 李贤等纂，方志远点校：《大明一统志》卷三七《宁夏卫、宁夏中卫》，巴蜀书社，2017 年。张维慎：《宁夏农牧业发展与环境变迁研究》，文物出版社，2012 年。潘春辉：《西北水利史研究：环境与开发》，甘肃文化出版社，2015 年，第 43-47 页。

蜘蛛渠、白渠、羚羊渠、石空渠、枣园渠、七星渠。和宣德朝相比，天顺朝时宁夏卫增加了新渠、红花渠两渠，而新渠、红花渠均为"分唐来水"，为唐来渠的支渠，如增开支渠，铁渠，城西南，北流与唐坝同口而异闸。新渠，在城南，绕东北而流，唐来之支。红花渠，抱城南门，东门而流，唐渠之支。良田渠，在城西，北流，唐渠之支。满答剌渠，在城西，北转流东北，唐渠之支。五道渠，城东，东流，汉渠之支。东南小渠，引红花渠，飞槽跨壕入旧城内。西南小渠，引唐来渠飞槽跨壕入新城西南。西北小渠，引唐来渠 飞槽跨壕入新城西北。以上诸渠，见资灌溉。①汉延、唐来二渠通过众多的支渠，把河水引向四面八方，以进一步延伸灌溉区域。

在嘉靖《宁夏新志》卷三《灵州守御千户所》中记有灵州守御千户所原有渠道两条即汉伯渠和秦家渠，以及里、仁、李、罗、大、中等支渠，并记有新开渠道金积渠溉田三十余万亩。② 宪宗成化年间，右副都御史宁夏巡抚张鎣建议："灵州黄河东岸花果园、沙井等处有隙地六七百顷，肥饶可耕。如得浚渠以通水利，开垦成田，给与无田军士耕种，以补赔纳之数，庶公私两便。"此建议很快得以实施，而且实际开田数达七百余顷，大小渠道也随之纵横于田埂垅畦之间（图2–14）。熹宗天启年间，按察副使张九德鉴于秦家渠"土薪间筑，旋筑旋圮。久之益废，不复治"，致使渠道"溃水暴泄，不能灌溉"，灌区"岁屡不登"。修渠期间，他一方面"相度鸠工，躬为激督综核"，保障工程进度，不出半

---

① ［明］胡汝砺纂修，管律重修，邵敏校勘：《嘉靖宁夏新志》卷一《宁夏总镇水利》，中国社会科学出版社，2015年，第19页。

② ［明］胡汝砺纂修，管律重修，邵敏校勘：《嘉靖宁夏新志》卷三《灵州守御千户所水利》，中国社会科学出版社，2015年，第141页。

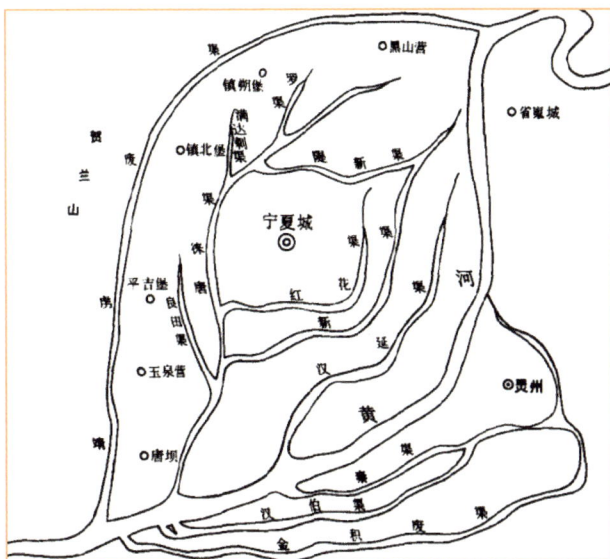

图 2-14 《［弘治］宁夏新志》卷首附明代宁夏引黄灌区渠道布局示意图

载水利工程就顺利竣工；另一方面坚持"畚之费出公捐俸及搜括赎锾"，因为没有劳民伤财，农民都非常高兴，因而不到半年工程就完工了。长堤"延四百余丈，高厚坚致，亘如长虹，水无襄滞泛滥，顿成有年"。汉伯渠的不足是苦无尾，致使"皆成巨"，因而在"治之余"，他又"为开，长十三丈五尺，高广各三丈五尺，自秦渠北岸抵洼桥，疏渠道三十里，泻水入河复故田数百顷，增税额数千石"。由于张九德"又筑长于秦渠，开芦洞于汉渠，使涸者有所蓄，而涝者有所泄"，各得所宜，所以当时两渠间出现了"翼翼或或，绿野如云"的一派生机盎然的景象。[1]

王珣曾赋诗《新开金积渠》："山名金积旧相传，峡口神功不计年。滚滚西来经异域，滔滔东去绕穷边。渠分一派清流水，

　　[1] ［清］张金城、杨浣雨修纂，陈明猷点校：《乾隆宁夏府志》卷十九《艺文》，宁夏人民出版社，1992 年，64-65 页。

井授千家沃壤田。浅薄敢夸经略计，兵民安辑荷尧天。"①可嘉靖《宁夏新志》卷三《灵州守御千户所·水利》载："金积渠，在州西南金积山口，汉伯渠之上。弘治十三年（公元1500年），都御史奏浚长一百二十里，役夫三万余名，费银六万余两，夫死者过半。遍地顽石，大者皆十余丈，锤凿不能入，火醋不能裂，竟废之。今存此虚名耳。"②据此可推知，金积渠工程巨大，开凿难度高，并没有完全修凿成功，故其灌溉之数亦未可知。

此外，还扩大卫宁灌区灌溉面积，新灌区开发进展顺利，在黄河以南先后新修了羚羊角渠，"长四十八里，溉田四十余顷"；贴渠，"长四十八里，溉田二百二十余顷"；羚羊店渠，"长四十五里，溉田二百六十余顷"；柳青渠，"长三十五里，溉田二百八十四顷余"；在黄河以北新修了胜水渠，"长八十五里，溉田一百五十余顷"；夹河渠，"长二十七里，溉田一百四十余顷"。③渠道总计长490里，相较于元代应理州和鸣沙州渠道251里增长近1倍。

除新修渠道外，明代还对原有旧渠进行了一系列修补。如洪武三年（公元1370年）宁正就率领军民"修筑汉、唐旧渠，引河水溉田"。④英宗正统四年（公元1439年）宁夏巡抚都御史金濂言："镇有五渠，资以行溉，今明沙州七星、汉伯、石灰三渠久塞。请用夫四万疏

① 唐骥等选注，《宁夏古诗选注》，宁夏人民出版社，1987年，第149页。

② ［明］胡汝砺纂修，管律重修，邵敏校勘：《嘉靖宁夏新志》卷三《灵州守御千户所水利》，中国社会科学出版社，2015年，第141页。

③ ［明］胡汝砺纂修，管律重修，邵敏校勘：《嘉靖宁夏新志》卷三《中卫水利》，中国社会科学出版社，2015年，第169页；［明］赵廷瑞、马理等纂，董健桥校注，《陕西通志》卷三八《三边水利》，三秦出版社，2006年，第1970页。

④ ［清］张廷玉：《明史》卷一三四《宁正传》，中华书局，2003年，第3905页。

浚，溉芜田千三百余顷。"并从之。[①]正统十三年（公元1448年）又修复被河水冲决的汉、唐渠坝。[②]宪宗成化三年，张悦以右副都御史巡抚宁夏。宁夏城，土筑，鋬始甃以砖。道河流，溉灵州屯田七百余顷。[③]弘治七年（1494年）巡抚都御史王珣言："宁夏古渠三道，东汉、中唐并通。惟西一渠傍山，长三百余里，广二十余丈，两岸危峻，汉、唐旧迹俱埋。宜发卒濬凿，引水下流。即以土筑东岸，建营堡屯兵以遏寇冲。请帑银三万两，并灵州六年盐课，以给其费。"又请于灵州金积山河口，开渠灌田，给军民佃种。并从之。[④]

3. 渠道管理

为了维护水利，疏浚渠道，加固堤坝，宁夏每年春都要"发军丁修治之"。嘉靖《宁夏新志》卷一《宁夏总镇·山川》记载更为明确："靖虏渠，元昊废渠也，旧名李王渠。南北长三百余里。弘治十三年（公元1500年），巡抚都御史王珣奏开之，以更今名：一以绝虏寇，一以兴水利。但石坚不可凿，沙深不可浚，财耗力困，竟不能成，仍为废渠。"[⑤]嘉靖四十一年（公元1562年）夏，中丞毛鹏奉简命抚复，鉴于中卫境内的蜘蛛渠"迩年河流背北趋南，渠口高淤，水莫能上"，遂发丁夫三千人加以修浚，"甫月余而渠成，渠口作于旧口之西六里许，肇工于壬戌岁九月七日，竣事于十月十有六日。渠阔六丈，深二丈，延袤七里，复入故渠。口

---

① ［清］张廷玉：《明史》卷八八《河渠志六》，中华书局，2003年，第2154页。

② ［明］谈迁：《国榷》卷二七，英宗正统十三年七月条，中华书局，1958年，第1744页。

③ ［清］张悦：《明史》卷一八五《张悦传》，中华书局，2003年，第4899页。

④ ［清］张廷玉：《明史》卷八八《河渠志六》，中华书局，2003年，第2161页。

⑤ ［明］胡汝砺纂修，管律重修，邵敏校勘：《嘉靖宁夏新志》卷一《宁夏总镇·山川》，中国社会科学出版社，2015年，第15页。

设闭水闸一道，六空，旁凿减水闸一道，五空……遂易名曰美利，盖取乾始美利之义"。[1] 万历十九年（公元 1591 年），巡抚都御史梁问孟筑横城堡边墙，虑宁夏有黄河患，请堤西岔河，障水东流。从之。十九年，尚宝丞周弘禴言："宁夏河东有汉、秦二坝，请依河西汉、唐坝筑以石，于渠外疏大渠一道，北达鸳鸯诸湖。"[2] 明代对宁夏原有旧渠的疏浚全面展开。

天启二年（公元 1622 年）灵州河大决，灵州城危在旦夕，居民惊恐。河东兵备道张九德毅然决定在上流十里外抛石筑坝（丁坝）四十余丈，以挑大溜；再垒石筑堤（顺河堤）六千余丈以护河岸，获得成功，达到了保城安民的目的。为了纪念他的功绩，堤成后名曰张公堤。这是见诸史籍的宁夏以石治河的较早记载。

明代在宁夏镇大力经营屯田，兴修水利。到嘉靖时（公元 1522—1566 年），宁夏平原已有大小正渠 18 条（不包括未建成的）全长 700 公里，溉田一百五十六万亩。有具体的渠名，长度和灌田亩数是宁夏引黄灌溉历史上第一次记载较全面而确切的数字。

众所周知，黄河是一条很混浊的河流，水中挟带的泥沙在流缓时很易沉积，《宁夏治渠利弊书》中曾言："今宁夏之渠，岁需修浚，民间所输物料率数十万，工夫率数万。然河水一石，其泥六斗，一岁所浚，且不能敌一罗所淤。往往渠高流浅，灌溉难周，枯旱立见。稍民赴诉喧阗，官吏奔走不暇，上下交病，未如之何。"[3] 因此，明初宁夏诸水渠在管理方面由政府规定宁夏各

---

[1]［清］张金城、杨浣雨修纂，陈明猷点校：《乾隆宁夏府志》卷十九《中卫美利记》，宁夏人民出版社，1992 年，第 282 页。

[2]［清］张廷玉：《明史》卷八八《河渠志六》，中华书局，2003 年，第 2171 页。

[3]［清］张金城、杨浣雨修纂，陈明猷点校：《乾隆宁夏府志》卷八《水利》，宁夏人民出版社，1992 年，第 282 页。

卫屯军的力役，于每年春三月负责修治或挑浚屯区灌溉依赖的渠道。如汉延、唐来二渠为"宁夏持以为重者"的两大主干渠，每年修治，用力最多，其丁役由宁夏五卫共同负担。《嘉靖宁夏新志》卷三《中卫·属城》载鸣沙城"每岁春三月，发军余挑修七星等渠"，西路广武营"每岁春三月，发军余挑修石灰、大沙、快水等渠。大沙、快水皆石灰渠至支流"。[①] 在制度上通过春季发夫，保证了各灌渠的通畅。

每年春三月宁夏各卫军丁均需动员上渠修治，年年力役，了无尽时，以致潘元凯在《贺兰九歌》中叹道："汉唐渠水流濔濔，冬则涸兮夏则溢，不知何代兴屯田，千载人劳至今日。"[②] 另外，对于渠道的新修也需要大量人力物力，七星渠及灵州堤用人都超过3000人；金积渠在弘治十三年都御史王珣奏修"役夫三万余名，费银六万余两，夫死者过半，遍地顽石，大皆十余丈，锤凿不能入，火醋不能裂，竟废之"。[③]

为保障水利，镇守宁夏总兵官下设屯田都司，负责浚渠均徭都屯政。[④] 宣德六年（公元1431年）九月为了除宁夏"有势力者占据水道，军民莫敢与争，多误耕种"的弊端，始设提举司，置宁夏正提举司一员、副提举司二员及吏目一员、司吏二名、典史

---

① ［明］胡汝砺纂修，管律重修，邵敏校注：《嘉靖宁夏新志》卷三《中卫·属城》，中国社会科学出版社，2015年，第182、184页。

② ［明］胡汝砺纂修，管律重修，邵敏校勘：《嘉靖宁夏新志》卷七《文苑》，中国社会科学出版社，2015年，第274页。

③ ［明］胡汝砺纂修，管律重修，邵敏校勘：《嘉靖宁夏新志》卷一《宁夏总镇·山川》，中国社会科学出版社，2015年，第15页。

④ ［清］张廷玉：《明史》卷七六《职官志五》，中华书局，2003年，第1868–1869页。

四名，"专掌水利，兼收屯粮"，同时令御史二人往，理其事。宣德六年（公元1431年）十二月，明政府"遣御史巡视宁夏甘州屯田水利"。自此宁夏的水利事业有了专门机构和官员的管理。

用水规章制度是保证水利正常运行的重要依据。明代为了确保宁夏平原水利的正常运行，制定了一整套用水规章制度。嘉靖《宁夏新志》卷一《宁夏总镇·水利》载："其分灌之法，自下流而上，官为封禁修治。"可知其用水方法是下游用过以后，上游才能使用，并且由官府对开口、闭口进行统一管理。这种用水方法既保证了下游农田的顺利灌溉，又能使上游及时浇灌，避免出现"少不如法，则水利不行，田涸而民困矣"的局面。

隆庆六年（公元1572年）金事汪文辉因汉延、唐徕二渠进水闸长期使用木质材料，认为"洪涛冲溢，非木可支"，加之"迄今渠久浸，岁发千夫之，木植劳费，不万计"，所以征得总督戴才的同意，上奏皇帝，请改木闸为石闸；在皇帝准奏后，他亲自"爱划方略，审势绘图，每坝设闸六，闸用石若干，授工人试之"。[1]可惜，工程未完工，汪文辉被擢升离任，直至万历二年（公元1574年），继任者宁夏金事解学礼在总督罗凤翱的支持下，把汪文辉未竟之事业承担下来，自此，成为宁夏建石闸之始。到万历四年（公元1576年）秋，唐坝首先落成，至次年四月，汉坝亦告竣，竣工后的汉、唐二坝，不仅有进水正闸各一座，而且"坝之旁，置减闸凡十。中塘、底塘及东西厢、南北厢各覆以石。上跨以桥，桥之上穿廊轩宇"，由于岁省薪木力役无数，随后秦、汉等渠闸

---

① ［清］张金城、杨浣雨修纂，陈明猷点校：《乾隆宁夏府志》卷十九《艺文·汉唐二坝记》，宁夏人民出版社，1992年，第745页。

坝也陆续易木为石。①

　　清王全臣《上巡抚言渠务状》载："至明代，宁夏道汪文辉于右卫之唐坝堡，距渠口二十里，建石闸一座，闸之外建石退水闸四座。正闸下入渠之水，以五寸为一分，止以十分为率，水小则闭塞退水各闸，使水入渠，水大则开，退水以泄其势。其正闸系六空，西四空为唐渠，（东）两空为贴渠，每空各宽一丈。唐渠自闸以下，分为八段，合计共长三百二十三里。其贴渠一道，宽三丈五尺，深六尺，至郭家寺地方分为两稍：一至汉坝堡稍止，长四十里，名曰旧贴渠；一至蒋鼎稍止，长五十里，名曰新贴渠。此因唐渠正闸之东岸，地土甚高，故别此渠，虽闸分两派，而实与唐渠同口，盖唐渠之附庸也。"②《宁夏采访册》亦称："明宁夏道汪文辉者于宁朔之唐坝堡地方距渠口二十里，建石闸一座，正闸外建退水闸四座，曰安澜、曰涯畅、曰宁安、曰关边。"另有滚水坝一道，通身桥十二道，这些措施都使汉、唐二渠在明后期仍发挥着重要作用。

　　王珣曾在《拟造石坝》中写道：

　　　　　河流两派绕边城，保障平当一半兵。

　　　　　不为板桥频建置，肯将石闸创经营。

　　　　　百年敢信居民逸，此日应知水患平。

　　　　　渠道汉唐依旧是，山川形胜总生成。

　　杨守礼在《观两坝》中亦云：

①卢德明：《宁夏引黄灌溉小史》，水利电力出版社，1987年，第14页。

②［清］魏源：《皇朝经世文编》卷一一四《工政二十》，岳麓书社，2004年，第378页。

闸分天上水，工自古人奇。农田沾春阔，鱼舟待月迟。

汉唐能保障，天地亦何私。惭愧观风客，年年注意时。

总之，有明一代，政府对于宁夏镇的水利建设事业是始终重视的。太祖洪武年间，宁夏镇的灌溉能力尚不及元代的水平，而宣宗宣德年间的灌溉能力已恢复到元代的水平，英宗天顺年间，宁夏镇的灌溉能力比宣德年间增加了几乎一倍。孝宗弘治至世宗嘉靖年间，宁夏镇的灌溉能力在英宗天顺朝的基础上略有增加，主要表现在中卫灌区灌溉能力的增加上。明中期形成的对于灌渠的岁修和封禁的制度化，以及晚期对于汉、唐二渠闸堰的以石代木，对以后各朝产生了深远影响。

第七节　清代水利建设和引黄灌溉工程

一、建置沿革

清朝是中国封建社会的最后一个大一统王朝。清初因明制，在甘肃、宁夏分设巡抚，归陕西布政司管辖。顺治十五年（公元1658年），合并卫、所。康熙四年（公元1665年），裁撤宁夏巡抚；九年（公元1670年），划宁夏归甘肃巡抚统辖。雍正二年（公元1724年），省卫、所，改宁夏卫置宁夏府，改左卫为宁夏县，右卫为宁朔县，中卫为中卫县，平虏所为平罗县，灵州所为灵州。雍正四年（公元1726年）和六年（公元1728年），在宁夏北部先后设新渠、宝丰二县，乾隆三年（公元1738年）十一月宁夏大地震后裁汰。同治十一年（公元1872年），置宁灵厅。至此，

宁夏府领四县、一厅、一州。故宁夏府之辖境，即今宁夏北部引黄灌区各地、市、县和盐池县。宁夏道和宁夏总兵同治府城。^①

二、清代宁夏水利建设

明末清初之际，与历朝历代开国相似，战火连天，宁夏地区经历了以明末农民起义军余部为主力的军民反清斗争，顺治二年（公元 1645 年）冬，明朝固原副将武大定叛固原，徒党甚众。^②顺治三年（公元 1646 年）四月，宁夏总兵刘芳名疏报：宁夏兵变，杀巡抚焦安民，随经抚定，斩首恶杨成名、白友大。^③顺治年间各族群众的反清活动，犹如燎原大火燃遍全国，宁夏地区更不例外，而且延续甚久。直至顺治十六年（公元 1659 年）三月，宁夏犹有清军都司王一龙发动的兵变。他们一度攻占兴武营，而在清军的剿杀下，很快败退到花马池，首领王一龙被杀害。清初宁夏军民的多次抗清斗争都被残酷地镇压下去了。^④ 由于长期战乱，人口减少，水利失修，农田灌溉设施破坏严重，"各渠率多爽塞，民田强半荒芜""水旱为灾，民生重困，皆因水利失修"。^⑤

甘肃巡抚杨应琚在《浚渠条款》中言："维甘省之宁夏一郡，古之朔方。其地乃不毛之区。缘有黄河环绕于东南，可资其利。昔人相其形势，开渠引流，以灌田亩，遂能变斥卤为沃壤，而俗

---

① 鲁人勇等：《宁夏历史地理考》，宁夏人民出版社，1993 年，第 281-282 页。

② ［民国］赵尔巽等：《清史稿》卷二三七《孟乔芳传》，中华书局，2003 年，第 9476-9477 页。

③ ［清］蒋良骐撰，林树惠、傅贵九点校：《东华录》卷五《孟乔芳传》，中华书局，1980 年，第 83 页。

④ ［民国］赵尔巽等：《清史稿》卷六《陈福传》，中华书局，2003 年，第 406 页。

⑤ ［清］张金城、杨浣雨修纂，陈明猷点校：《乾隆宁夏府志》卷八《水利》，宁夏人民出版社，1992 年，第 282-284 页。

以饶裕，此其所以有塞北江南之称也。"①正是由于有黄河水的灌溉，才使宁夏平原成为塞北江南。清政府认识到"河渠为宁夏生民命脉，其事最要""万民衣食之源在于水利""一方利赖，万姓生资，实藉于此"，故"开荒田，兴水利"，恢复生产，发展经济，成为巩固政权的首要任务（图2-15）。

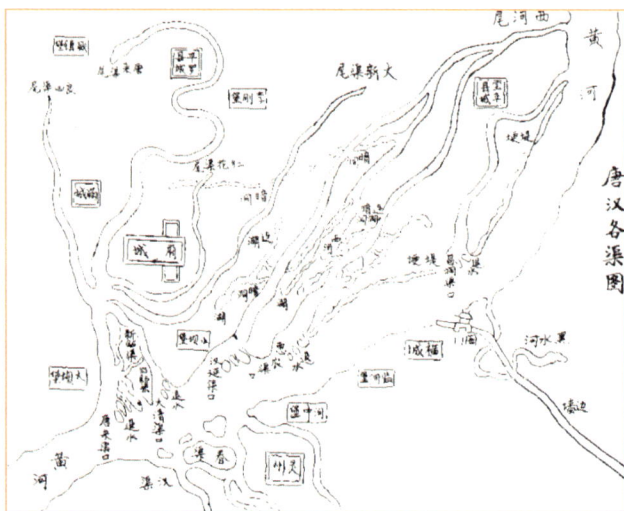

图2-15 《乾隆宁夏府志》卷首《唐汉各渠图》②

康熙三十六年（公元1697年），康熙统率大军亲征噶尔丹，途经宁夏"亲巡农野，视渠流灌溉"，对"朔方资大河之灌注，疏渠灌田"的重要性更为明悉。为了迅速恢复经济，"永远裨益地方"，康熙皇帝将"疏通河渠"作为引黄灌区发展农业生

---

① ［清］张金城、杨浣雨修纂，陈明猷点校：《乾隆宁夏府志》卷八《水利·浚渠条款》，宁夏人民出版社，1992年，第277页。
② ［清］张金城、杨浣雨修纂，陈明猷点校：《乾隆宁夏府志》卷首《唐汉各渠图》，宁夏人民出版社，1992年。

产的重点，命令地方官员督率民众，清淤疏滞，拓宽渠道。^①

康熙四十七年（公元 1708 年），被任命为宁夏水利同知的王全臣详细勘察了宁夏水利状况后奏报唐来渠的情况："比年以来，唯唐渠塞过甚，濒于废弃。居民虽纷纷借助于汉渠，不过稍分余沥，地之高者竟屡年荒芜。而汉渠亦因以受困。"

1. 清代水利建设

清时宁属各县：宁夏县、宁朔县、平罗县、灵州、中卫县共计实田约 2.3 万顷。汉唐以来宁夏各渠，如秦渠、汉延渠、唐来渠、七星渠、美利渠等，有清一代屡经重修、增修，到乾隆中后期，宁夏河渠开发已达到有史以来之最高水平，在黄河开口之各干渠总长达 2161 里，灌溉中卫、宁夏、宁朔、灵州、平罗田近 2 万顷。至清后期宁夏河渠的利用仍维持较高的水平，总灌溉面积达 21000余顷。据《宁夏府志》《嘉庆灵州志迹》《乾隆中卫县志》等志书记载（图 2-16），清时宁夏河渠及修浚情况如下：

（1）唐徕渠。唐徕渠口在宁朔大坝堡青铜峡，经府城西而北至平罗上宝闸堡入河；长 320 里，陡口 446 道，溉田 5763 分。分别于顺治十五年，雍正九年，乾隆四年、四十二年，宣统元年大修。

（2）汉延渠。汉延渠口在宁朔县陈俊堡二道河，经府城东而北，至宁夏县王澄堡入河。长 195 里，陡口 471 道；灌田 5690 分；分别于顺治十五年，康熙四十年、五十年，雍正九年，乾隆四年、四十二年，光绪二十五年大修。

① ［清］温达等：《亲征平定朔漠方略》卷三九，中国藏学出版社，1994 年，第 925-926 页。

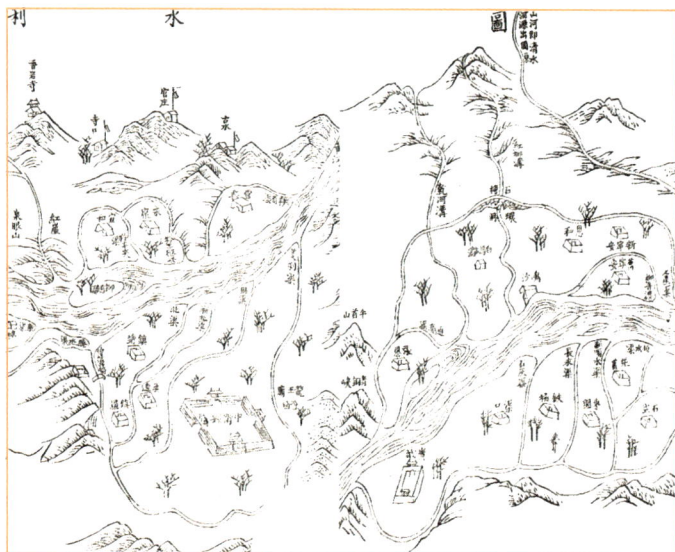

图 2-16　清《中卫县志·水利图》[1]

（3）大清渠。大清渠口在宁朔县堡马关嵯，至宋澄堡入唐渠，介汉、唐二渠间行；长 72 里，陡口 129 道；灌田 1096 分。康熙四十七年（公元 1708 年）秋九月，时宁夏三卫及平罗田地，主要靠唐、汉两渠灌溉，而宁夏土地"大半尽属沙碱，必得河水乃润，必得浊泥乃沃"，但自明末以来，唐渠淤塞过甚，"滨于废弃，居民虽纷纷借助于汉渠，不过稍分余沥，地之高者竟屡年荒芜，而汉渠亦因以受困"。[2] 宁夏水利同知王全臣实地调研，发现清初宁夏道管竭忠据民所开的一条名为"贺兰渠"的支渠，在黄河青铜峡下西河马关嵯之下 6 里处引水，渠宽数尺，长十余里，灌地

---

①［清］黄恩锡纂修，乾隆门刊本，《中卫县志》卷之《地舆图·水利图》，成文出版社，1969 年，第 30—31 页。

②［清］魏源：《皇朝经世文编》卷一一四《工政二十》，岳麓书社，2004 年，第 378、380 页。

数百亩，原灌溉面积十分有限。王全臣将其扩大延长到宋澄堡，长达35公里，土方工程于九月一日开工，十三日告竣。次年，又动用民工一万有余，在陈俊堡的马关嵯附近新开渠口，渠道上口宽8丈深5尺，灌陈俊、蒋鼎（顶）、汉坝、林皋、瞿靖、邵刚、玉泉、李俊、宋澄9堡土地约6.57万亩，命名为"大清渠"。由于加宽渠口，逼水入渠，且大清渠尾水又进入唐渠，使得唐渠进水及水弱问题、渠淤问题得到根治。随着唐渠的改善，居人不再与汉渠争水，汉渠亦水充田足。史载："以是宁民踊跃趋事，争先恐后。各渠疏通无阻，埤岸又极坚固。所以立夏开水之日，黄河水不加增，而每年开水月余水不能到稍者，今不过四、五日，稍末即浇灌遍足矣！镇城以北往年不沾涓滴者，今且遍种稻矣！"[1]

后于雍正十二年（公元1734年）、乾隆四年（公元1739年）及四十二年（公元1777年）多次重修。康熙四十八年（公元1709年），王全臣又在陈俊堡修建大清渠正闸。闸下为2孔，每孔宽1丈，闸上建桥房5间，闸外建退水闸3座，左侧建游亭1所。建大清闸的地方，是旧贴渠经由之地，贴渠比大清渠高六七尺，大清渠开通后，贴渠便被截断。为了不影响贴渠通水，王全臣又在大清闸后两旁的石墙上架设木制飞槽1道，让贴渠之水自西而东流过。大清闸落成之后，王全臣赋诗以记之：

> 规模直与汉唐同，瓮石浮杠落彩虹。
>
> 远近萦纡分上下，纵横挹注任西东。
>
> 惟知顺水行无事，敢谓开渠辄有功。

---

[1] ［清］魏源：《皇朝经世文编》卷一一四《工政二十》，岳麓书社，2004年，第385页。

最是亭成临孔道，喜闻过客话年丰。①

（4）惠农渠，又名黄渠。惠农渠口在宁夏县叶升堡俞家嘴南，并汉渠而北，至通润桥入河；长200里后增到262里，陡口136道：灌田4529分。由于"查汉托护地方，沃野膏壤，因汉唐二渠余波所不及，遂旷为牧野"，清朝特命侍郎臣通智，会同督臣岳钟琪详细踏勘。嗣命臣通智，偕侍郎臣单畴书专董是役。雍正四年（公元1726年），通智等奉命修渠以后，"乃相土宜，度形势，以陶家嘴南花家湾为进水口，近在叶升堡之东南也。……其渠口石子层累，底岸维坚，由此而东北，遍历大滩。择地脉崇阜处，开大渠三百里，口宽十三丈，至尾收为四五丈，底深丈一二以至五六尺不等。高者洼之，卑者培之。引入西河尾，并归黄河。"建进水闸一座、退水闸三座，"节宜吐纳，进退无虞"；设暗洞两处，"以通上下之交流"；设汇归暗洞一处，"以泄汉渠之余水"。任春、叶升二堡，为往来孔道，于正闸覆造桥房，旁列数楹，可为守者居，兼为行者憩、沿渠之桥二十有二，"西河之桥十六，行旅往来，赖以普济"。《惠农渠碑记》载其"枝渠四达，长七八里以至三四十里者百余道，均作陡口飞槽，而户口人民又沿渠各制小陡口、小灌洞千余道，以相引灌。自此沟塍绣错，二万余顷良田，无不沾足"。又于渠之东，"循大河涯筑长堤三百二十余里，以障黄流泛滥"；而大渠长堤以至西河，兼恃防护渠堤，"两岸俱夹植垂杨十万余本，其盘根可以固坝，取其材亦可以供岁修"。②

---

① 王岚海：《宁夏水利史话》，宁夏人民出版社，2018年，第135-136页。

② ［清］魏源：《皇朝经世文编》卷一一四《工政二十·惠农渠碑记》，岳麓书社，2004年，第388-389页。

在开挖惠农渠时，通智见民夫运土均用铁锹转送，效率太低，便召集编织匠，用芨芨草编织成背笼，一人背负运土之法，大大提高了工效。为了保证惠农渠渠水畅通无阻，通智总结了唐徕渠、汉延渠往年春季清淤的经验教训，规定以石块镌"准底"字样，埋于正闸及各测水处渠底，以后每年春工清淤必须挖到"准底"石方为完工，后唐、汉二渠重修时，亦仿照惠农渠之法，均埋底石。[①]后惠农渠又于乾隆五年（公元 1740 年）、四十年（公元 1775 年）、五十一年（公元 1786 年），嘉庆十年（公元 1805 年），道光九年（公元 1829 年），光绪二十七年（公元 1901 年）、三十一年（公元 1905 年）重修口、尾。

（5）昌润渠，曾名复兴昌润渠，为惠农渠支渠，宁夏府城北部沿黄河堤外灌水渠。昌润渠口原在新渠县田州塔南，该渠同为雍正四年侍郎通智和道尹单畴书主持开凿惠农渠后，在其东北复建昌润渠。[②]通智在凿成惠农渠之后，其"大渠之东南隅，滩形广阔，水难遍及"，但此处黄河原有一支分流名六羊河，"口形如列指，斥游数里，复合为一，通通而北，经大小方墩，越葫芦细，历省鬼城，而仍归于大河"，因下游淤塞，已不通水。通智等遂循六羊河"已然之迹，顺其势而利导之。凡湃岸之倾圮者，培之使平；河流之淤塞者，浚之使通"。渠口建正闸一座，外设退水闸，"使水有所泻，以备岁修堵口也"；内设退水闸，"使水有所分，以杀湍流涨溢也"；中多高壤，不能尽达，复设逼水闸三座，"束

---

① ［清］南运河工程局：《西北垦殖计划》卷二《调查报告·宁夏区域》，第27 页。

② ［民国］赵尔巽等：《清史稿》卷一百四《河渠志四》，中华书局，2003 年，第 3825 页。

之使其势昂而盈科而进"。相地制宜，"分列支渠二十余道"。渠两旁俱插柳秧，"资其根力以固湃岩"。自此，"启闭以时，蓄泄有方，而大渠以东，遂无不溉之田矣。钦定名曰'昌润渠'，以昭来兹"。^①乾隆三十年（公元1765年）昌润渠改至宁夏县通吉堡开口，至永屏堡入河，长139里，陡口113道，灌田1697分余。后又于乾隆三十年（公元1765年）、四十二年（公元1777年），嘉庆十七年（公元1812年）、二十一年（公元1816年），道光四年（公元1824年）重修。

清人张资赋诗《昌润渠工竣》^②

建闸通渠一水盈，云根蹴起浪花生。
泽流原野无边润，势挟风雷不断声。
南亩农人兼暑作，丰年禾稼报秋成。
共知乐土恩波阔，击壤欢呼咏太平。

（6）湾渠口在平罗北温家桥，至渠阳堡入河：长60里，支渠7道，灌田444分，原为昌润支渠，道光五年（公元1824年）又开口温家桥。

（7）秦渠，又名秦家渠。自青铜峡开口至灵州北门外泄入涝河，渠口有正闸二空，曰秦闸。尾闸曰黑渠闸，沿长一百五十里，有支渠一十道，旧溉田一千三百顷零，今溉田八万数千亩。康熙年间参将李山重修，以石凳底，长百余丈，岁省夫料无算。后又续开大支渠十道，口大一尺二寸至七八寸不等，俱系木口。光绪

———
① 杨柳：《平罗县水利志》卷四《灌溉渠》，宁夏人民出版社，2009年，第92页。
② ［清］张金城、杨浣雨修纂，陈明猷点校：《乾隆宁夏府志》卷二一《艺文·诗》，宁夏人民出版社，1992年。

116

三十年（公元 1904 年）决口，知州廖葆泰筹修。光绪三十二年（公元 1906 年）知州陈必准重修，光绪三十四年（公元 1908 年）陈必准又修理。

（8）汉渠，又曰汉伯渠，渠口即在灵州秦渠上，青铜峡之麓，长八十里，溉田一千三百顷。渠口一，设闸二空，曰汉闸、曰秦闸，两闸明初始易木以石。清康熙四十五年（公元 1706 年），祖良桢改建两闸，其底较前深六尺，疏浚之，上下深亦如之，又增长两渠迎水坝。康熙五十二年（公元 1713 年）祝兆鼎重修东岸。乾隆三十八年（公元 1773 年），灵州知州黎珠创迎水新口随流累石，筑为长坝，利来至今。有支渠九条，分别是：旧黑渠、新黑渠、旧阎家渠，新阎家渠、马兰渠、波罗渠、爪连渠、沙渠、朱渠。

（9）美利渠，自元以来名蜘蛛渠。以前渠口在石龙口，因渠口淤塞，于嘉靖四十一年（公元 1562 年）改浚于旧口之西六里，改名美利渠。康熙四十年（公元 1701 年），开石叠坝，水复流通，康熙四十五年（公元 1706 年），加深三尺，广阔一丈，南岸亦砌石为坝，共浇地四万六千五百亩。渠口下至迎水桥十五里许，设闭水闸一道，计六空。旁凿水闸一道，凡五空。其下有赵通闸、头闸、营儿闸、王家闸、汪家闸、李家闸，渠尾出油梁沟胜金关西入黄河。渠身阔三丈五尺，深一丈沿长二百里。

（10）七星渠口在中卫河南安堡泉眼山，东南流至张恩堡入河，长 140 里，灌田 721 顷。康熙年间，督修石口，创流恩闸，修盐池闸，挑浚萧家、冯城两阴洞，渠乃通畅，无山水之患。雍正十二年（公元 1734 年），重建环洞五空上为石槽，引水下行。垦白马滩至张恩堡地三万八百五十六亩零。乾隆十六年（公元 1751 年）、二十一年（公元 1756 年），光绪二十四年（公元 1898 年）重修。

（11）贴渠口在中卫南边墙抵处开口，东北流，归油渠沟入河，长 60 里，灌田 231 顷余，康熙四十五年（公元 1706 年）复修。

（12）北渠口在中卫南镇靖堡河沿开口东北流，经过砖塔寺绕堡东南入河，长 30 里，灌田 118 顷 40 亩，同治五年（公元 1866 年）重修。

（13）新北渠口在中卫县南河沿，东北流经镇罗堡东南抵石家渠入河，长 40 里，灌田 109 顷 50 亩，咸丰六年（公元 1856 年）、同治五年（公元 1866 年）重修。

（14）新渠口在镇罗堡南李家嘴东北流分二渠，尾入河，长 25 里，灌田 60 顷。胜水渠口在石空寺东南得胜墩，向东流，过东南倪家营入河，长 70 里，灌田 200 顷余。

（15）顺水渠口在石空寺西南河沿，东北流，至枣园西北山脚，梢入河，长 15 里，灌田 37 顷 79 亩。

（16）新顺水渠一口在石空寺东南倪家营，东北流至炭窑堡墩，二口在石空寺赵家滩，至朱家台，西梢均入河，二渠共长 70 里，灌田 109 顷，乾隆十五年（公元 1750 年）、光绪三十年（公元 1904 年）重修。

（17）长永渠旧自俞家营河沿入口，乾隆二十三年改枣园于家庄下，稍至炭窟，梢入河，长 25 里，灌田 45 顷。乾隆二十五年（公元 1760 年）重修，光绪三十年（公元 1904 年）被冲圮。

（18）石灰渠起自铁桶碾盘滩至于广武五塘沟，长 60 里，灌田 123 顷，康熙时重修。

（19）羚羊角渠口在中卫常乐堡西南边墙敞沟，水东流，梢至枣林庄入河，长 28 里，灌田 24 顷，康熙四十四年（公元 1705 年）重修。

（20）羚羊角殿渠口在求乐堡西南燕子窝滩，东流，梢入宣和堡渠，长 40 里，灌田 104 顷，康熙四十七年（公元 1708 年）、雍正十二年（公元 1734 年）增修，道光十五年（公元 1835 年）、光绪三十三年（公元 1907 年）重修。

（21）羚羊峡渠原与羚羊殿渠一渠使水，康熙十五年自永康堡东北三里许开口，东流，梢入河，长 40 里，灌田 181 顷 60 亩。光绪五年（公元 1879 年）曾开新口，于二百户滩东北，十二年（公元 1886 年）复旧口。

（22）柳青渠口在中卫安宁堡西泉眼山下，水东流，至堡南恩和堡胡麻滩，梢入河，长 40 里，灌田 298 顷，光绪三十二年（公元 1906 年）增修。

（23）通济渠口在中卫张恩堡三道湖东流至高家嘴子入河，长 40 里，灌田 25 顷 50 亩。

（24）硝磺滩渠口在张恩堡西南滩脑，至滩尾入河，长 20 里，灌田 10 顷余，乾隆时修。

（25）马滩渠自张恩堡西北滩脑开口，滩尾入河，长 15 里，灌田 8 亩余，康熙时修。

（26）石空渠，明代弘治六年（公元 1493 年）参将朝玉修竣，长 36.5 公里，灌田 170 余顷，因口狭腹阔，故名缸子渠。清乾隆时更名胜水渠，自得胜墩开口到倪家营子入黄河，长 35 公里，灌田 2 万余亩。

从以上我们可以看出在清代志书中记载的河渠共计 26 条，全长 2161 里，灌田 19866.5 顷。①

---

① 霍丽娜：《明清时期宁夏河渠的开发与管理初探》，载于《宁夏地方历史文化论丛》（第 2 辑），甘肃人民出版社，2017 年，第 84—86 页。

2. 水利管理

尽管每年宁夏都会修整、疏浚渠道，且"尤以春浚为首务"，但由上文可知，清代在宁夏平原不仅开凿了一批主干渠道，而且在原有渠道的修浚方面也取得很大成就，仅就主干渠道来讲，唐来渠就曾修浚 3 次，汉延渠 7 次，大清渠 4 次，惠农渠 6 次，昌润渠 5 次，秦渠 4 次，汉伯渠 4 次，美利渠 3 次。[①]同时政府还会出台各种政策保护水利，如乾隆年间任甘肃巡抚的杨应琚，特定"春浚规条"十二则，并勒石以示永远，其主要内容摘录如下：

一、分塘须五丈为定，以便查点也；一、民夫不许影折代充，以免虚旷也；一、锹锨背笼，不许破坏、碎小也；一、堆土宜相度坝岸形势也；一、各工料宜留心稽查也；一、挖高垫底、遇冻重修之弊宜除也；一、上下工必须相照应也；一、支渠陡口，宜严甘修理坚固也；一、挑浚宜复旧制也；一、渠口下石子急宜挖除净尽，以清水口也；一、各工人夫，宜详查变通也；一、各处桥闸、飞槽、暗洞，宜严督修整坚固也。[②]

但宁夏水利还是会遭到各种各样因素的破坏，或堤溃水暴，泄不能灌，屡岁不收，或泄水处久淤，余水无入河处，膏腴之田，尽成巨浸。

---

① 潘春辉：《西北水利史研究：环境与开发》，甘肃文化出版社，2015 年，第 52—68 页。

② ［清］张金城、杨浣雨修纂，陈明猷点校：《乾隆宁夏府志》卷八《水利·浚渠条款》，宁夏人民出版社，1992 年，第 277 页。

（1）自然灾害

《乾隆宁夏府志》记载："乾隆三年（公元 1738 年）十一月二十四日酉时，宁夏地震，从西北至东南，平罗及郡城尤甚，东南村堡渐减。地如奋跃，土皆坟起。平罗北新渠、宝丰二县地多斥裂，宽数尺，或盈丈，水涌溢，其气皆热。淹没村堡，三县地城垣、堤坡、屋舍尽倒，压死官民男妇五万余人。"[①] 大地震不仅使得房屋倒塌，水利渠道也遭到极大破坏，故川陕总督鄂弥达和甘肃巡抚元展成在地方奏折《奏为宁夏被地震摇塌三道大渠修筑工程告竣事》《奏报宁夏道钮廷彩等员办赈出力请奖叙事》报中提道："窃查宁夏大清、汉、唐三渠引黄河之水灌溉三县田地，原为宁民命脉，通于上年十一月二十四日地震，三道大渠及各支渠多被摇塌，致渠水不能流通，灌溉无资。""伏查宁夏、宁朔、平罗、新渠、宝丰等县，上年十一月陡遭震灾，旋被火焚、水溺，又摇坏三渠堤坝，损塌老埂。"[②] 而惠农、昌润两渠更为严重，"俱已圮塌，渠底高于渠琐，自新渠而起二三十里以外，越宝丰而至石嘴子，东达黄河，西达贺兰山，周围一二百里竟成一片水海。"[③]

故灾后不断进行重建，乾隆四年（公元 1739 年）四月十八日《奏为宁夏被地震摇塌三道大渠修筑工程告竣事》中提到在朝廷划拨赈灾帑银修筑后"各处渠工俱已修竣，毫无渗漏，于三月二十六日放水，分流到地，足资耕作，且与往年立夏放水之时候

① ［清］张金城、杨浣雨修纂，陈明猷点校：《乾隆宁夏府志》卷二二《祥异》，宁夏人民出版社，1992 年，第 936 页。

② 《宁夏青铜峡灌区渠首志》编纂委员会编：《宁夏青铜峡灌区渠首志》，宁夏人民教育出版社，2021 年，第 272 页。

③ ［清］徐保字，王亚勇校注：《道光平罗纪略》卷八《艺文·班第请裁新宝二县疏》，宁夏人民教育出版社，2003 年，第 272 页。

无异"。乾隆四年十二月初二日亦奏："今赈务已竣，实在无滥，无遗民皆得所。三渠各工亦皆及时修理，水利通畅，得资灌溉，民乐有收，而老埂修筑坚固。"[①]当然奏折之中难免有所夸大，其实宁夏水利后续不断进行维修。乾隆七年（公元1742年）六月甘肃巡抚黄廷桂疏报：宁夏大清、唐、汉三渠，及各大小支渠，前因该处地震摇塌，各渠所有裂缝处甚多，急需修筑土拜岸桥闸，并老埂长堤各工，请动项兴修。从之。[②]

乾隆十七年（公元1752年）甘肃巡抚杨应琚巡查宁夏时，对当时各渠道的渠系规模有所描述：查宁夏大清渠一道渠，自宁朔县大项马关嵯引黄河之水入渠起，梢至该县宋澄堡汇入唐渠止，沿长七十二里有余，东西而岸大小支渠斗口一百二十八道。唐渠一道，渠口自宁朔县青铜峡引黄河之水入渠起，渠梢至平罗县惠威堡流入西河止，沿长三百二十余里，大小支渠斗口四百三十六道。汉渠一道，渠口自宁朔县陈俊堡四道河引入黄河之水入渠起，渠梢至宁夏县王澄堡流入惠农渠止，沿长一百九十余里，大小支渠陡口四百五十八道。惠农渠一道，渠口自宁夏县叶升堡俞家嘴子引黄河之水入渠起，渠梢至平罗县尾闸堡归入黄河止，沿长二百四十余里，大小丈渠陡口一百一十九道。此外，复有昌润渠一道，先于地震之后裁汰新、宝二县，已经废弃。嗣后招民开垦荒地，复行修浚。自平罗县五香堡地方从惠农渠支流六墩渠开口引水入渠起，至永屏堡归入黄河止，沿长一百零六里，大小支渠斗口一百一十六道，凡夏朔平等县田亩，均得引流浇灌。

旱涝等自然灾害对水渠损害也比较大，清宫档案多有记载，

①《宁夏青铜峡灌区渠首志》，宁夏人民教育出版社，2021年，第272页。
②《高宗乾隆皇帝实录》卷乾隆七年六月己未，台湾华文书局，1968年，第13页。

如雍正八年（公元1730年），通智等奏："昌润渠原因黄河支流改为渠道，今岁水势亦甚充足。其长堤上岁六月间黄水甚大之时，漫水冲开二处，约数十丈。"雍正十年（公元1732年）闰五月，宁夏府报："入夏以来，雨泽愆期，河水浅落倍常，以致渠水不能足用……新开之昌润一渠地高渠下，河水不能上行，未免亢旱。"[1]

尤其是乾隆元年（公元1736年），川陕总督刘于义奏报："新渠县六月十二日夜黄河水势暴涨，大风大雨，冲断围埂，淹泡堡内庄房田禾。围埂冲开二口，一长十五丈，一长三丈。十六日河水又复暴涨，于通吉堡北界十三塘上冲塌旧埂六十余丈，所筑月堤二层，将第一层冲塌，又将第二层冲开口岸三处，共长六十余丈，水势汹涌难堵塞……前后两次冲开口岸长一十余里，阔一二里至三四里不等。水浅者二三尺，深者七八尺，约淹田禾一百余分，庄房一百余家，人畜俱无损伤。宝丰县六月十三日黄河水势暴涨，水冲该县之红岗渠坝及西润渠埂，民田约淹损三十四分。宁夏县六月十四日黄河水暴涨，淹泡堡内田地，王堡东西沿河田地淹泡三千余亩，小庄房八家，共倒房五十四间。何忠堡沿河田地淹泡四千余亩，小庄房三十六家，共倒土房一百三十六间。平罗县六月十六日黄河水涨，水冲周家、间家、章子等堡，田禾被淹十分之一，庄房并未冲倒。"[2]

（2）泥沙堰塞

宁夏地处西北边地，干旱少雨，而土壤又多沙炭，加之宋、明以来的大力屯垦，致使植被破坏，沙漠化趋势不断扩大，在风的作用下，每年向黄河输入大量的泥沙，造成了"河水一石，其

---

① 杨新才：《宁夏水旱自然灾害史料》，宁夏水文总站编印，1987年，第96-97页。
② 杨新才：《宁夏水旱自然灾害史料》，宁夏水文总站编印，1987年，第103页。

泥六斗"的状况，因而以黄河水为灌溉之源的宁夏河渠，不仅"岁需修浚"，而且"一岁所浚，且不能敌一岁所淤，往往渠高流浅，灌溉难周，枯旱立见"。[①]由此可见，宁夏虽有河渠之利，但却不能像别处水利一样，一劳而长时间享受其利，而是必须年年修浚，这也是宁夏水利与他处水利的最大不同之处。[②]

宁夏水利同知王全臣在《上抚军言渠务书》中分析：

　　一苦于渠口之不能受水也。相传先年唐渠口下，河中有一石子沙滩，障水之势以入渠。厥后滩渐消没，河流偏注于东，而渠口竟与河相背，其入渠者，不过旁溢之水耳。水之入渠也无力，遂往往有澄淤之患。一苦于地渠之不能通水也。唐坝以下，自杜家嘴至玉泉营，尽系淤沙，每大风起，辄行堆积。唐渠经由于此，实为咽喉。向者以风沙不时，旋去旋积，遂相与名曰"地渠"，盖因两岸无坝，与平地等，故名之也。此处自来不在挑浚之列，因循既久，竟至渠底与两岸田地齐平，甚有渠底高于两岸田地者，较唐坝闸底约高三四尺。河水泛涨时，入渠之水非不有余，乃自入闸以来，至此阻梗，由是旁灌月牙、倒沙两湖。迨两湖既满，然后溢于渠内。徐徐前行，不知费几许水力，经几许时日，乃得过玉泉桥也。况有此阻梗，水势纡回，水未前行，而挟入之浊泥，已淤积闸底数尺矣。一苦于渠身之过远也。水之入口也，原自无多，而又苦于咽喉之不利，以有限之水，流三百余里，供数百陡口之分其势泄，

---

　　① ［清］张金城、杨浣雨修纂，陈明猷点校：《乾隆宁夏府志》卷八《水利·浚渠条款》，宁夏人民出版社，1992年，第278页。

　　② 张维慎：《宁夏农牧业发展与环境变迁研究》，文物出版社，2012年，第170页。

其势自难以遍给。若遇河水减落，则束手无策矣！[①]

　　后王全臣不仅找到了解决唐渠弊病的方法，而且也找到了解决挑浚之弊的方法。王全臣认为在修浚渠道之前，应首先丈量计算，量土派遣夫役，制定每天的开挖标准，以土地合算每堡的派夫额数，分立界限，采用就近派遣的原则，挑挖的土方加固堤坝薄弱的地方，不能胡乱安排，避免妨碍正渠的工程。大小支渠一并计算入正渠的工程，一并挑挖。这种修浚取得了一定的效果。王全臣在《上抚军言渠务书》中又曰：

　　至若奉委协助都司挑浚各渠，则革尽从前积弊，唯以新渠用夫之法为例，于清明兴工前一月，将汉唐各渠自口到稍逐细查丈……预造一工程册，乃以额夫合算，除修理闸坝、迎水，及各大支渠用夫若干外，计挑挖唐、汉、大清各渠，实止夫若干。于是量土派夫，每夫一日以挖一丈深三尺为率。夫数既定，乃自下而上，挨堡顺序，如威镇堡在唐渠之稍，该堡额夫若干名，以土合算，应挖若干里，既定以里数，分立界限，开明宽、深丈尺，令从稍末挖起。至分界处，接连即用平罗堡之夫；又接连，即用周澄堡之夫。余俱逐堡顺派，以近就近，各照分定界限挑挖。其夫即用本堡堡长督率，每工开一丈尺细单，务挑挖如式。挑挖之土，俱令加叠低薄坝岸，高厚之处不许妄排多人，致防正工。其支渠之大者，但度量工程，拨给夫役，但往岁于各堡中混派，令则止令受水之民自行挑挖。夫数或稍减于旧额，而用工则不管数倍。至十余

　　① ［清］张金城、杨浣雨修纂，陈明猷点校：《乾隆宁夏府志》卷八《水利·上抚军言渠务书》，宁夏人民出版社，1992年，第270页。

125

里及三五里之小支渠，即算入正渠工程之内一并挑挖，不另拨夫役以杜隐射、包折之弊。[①]

不论如何修浚，首先是费工费银，清政府为了水利畅通，也是花费巨资。道光三年（公元1823年），各大渠道因为泥沙淤积，影响分水灌溉，地方民众，尤其位居平罗县渠稍的各民众纷纷要求重新疏浚渠道。瑞庆考察之后上报：

除大清、唐来二渠工段无多民可自办外，惟汉延、惠农、昌润三渠应行此挖渠身，添建闸座，改砌石马头、迎水坝、顺水堤堰，加筑御水长堤改开新渠。俾各因势利导，水得畅流。计搏节估需工料及改开新渠，所需地价共银二万九千九百一十七两零。内昌润渠地方有滂沱、贴滂二支渠，所修工段计银一千三百九十四两零。因该处民情较苦应给工价，请即就近于平罗县仓额征小麦内，照部价每银一两改给仓麦一石，使穷黎借沾余润，其余仍均以银给发。其改开新渠占用民地无多，应纳钱粮另请搭除等情。[②]

（3）人为损坏

由于灌溉时刻关乎田禾生长，地处中上游的民众便通过偷开斗口、买水、争水等来进行截流灌溉，影响行水秩序，有时甚至导致决口泛滥，渠水流入低洼地区或湖泊洼地。雍正九年（公元1731年）五月初六日，通智《钦差兵部右侍郎通智等奏报访察踏看唐渠患情折》：

访察踏看唐渠之患有二：一在正闸外倒流河之冲决，臣等今

---

① ［清］张金城、杨浣雨修纂，陈明猷点校：《乾隆宁夏府志》卷八《水利·上抚军言渠务书》，宁夏人民出版社，1992年，第273页。

② ［清］那彦成：《那文毅公奏议》卷五九《三任陕甘总督奏议朔方水利》，上海古籍出版社，1996年，第1425页。

筑滚水坝，展修安澜退水闸，水小则蓄聚入渠，水大则自坝上滚出，自闸内退出可无太过不及之患矣。一在倒沙湖、杜家嘴、月牙湖以及玉泉桥一带，唐渠两岸滩田约有二三百顷，俱为旁近土豪、玉泉营兵占住偷种，恐填斗口支渠，即要升科，水大之时偷扒摒岸，饱灌私田，托言冲开。必须关塞正闸至十余日方能打住，而下段田亩俱不得水，且正闸一闭，自闸前直淤至渠口，而冲决之处，水向外流，缓水漫下又淤澄下段，实为唐渠之患。臣等移咨宁夏总兵官李绳武并行宁夏道鄂昌严行禁止，且令招户开垦，有恳设斗口、开支渠者准其开挖，将来村庄星布，居民稠密，各自看守渠堤，积奖可自除矣。为此缮折俱奏，仰祈皇上睿鉴。实行谨奏。①

所以为了杜绝此类问题，清朝各官员有法办"截现偷水等"破坏行水秩序之人的权责。如遇到"截现偷水等事按法责惩，仍将奸民追照驱逐，别招新户顶补承种"，宁夏更是规定了"封俵"之法，《乾隆宁夏府志》卷《田赋水利》载：

前人立法自下而上，原恐上游据水于灌湖滩闲地，或至下稍有偏枯之害。若定拘成法有封无表，及至稍田济足，官吏并撤上流一齐开放，则中段立洞，逮上流足后，下稍又须封二轮水矣。中段之民若尽尊法静听，一岁中将无洗灌之期。此所以冒法偷水，贿役买水，百弊丛生。虽有严封逼稍自下而上之说，而其实上、中段未尝不偷买洗灌，到稍之期亦未见迅速。官法愈峻，则水价愈昂、灌溉不匀、蠹役乘机、贫

---

① 中国第一历史档案馆编：《雍正朝汉文朱批奏折汇编》第20册《钦差兵部右侍郎通智等奏报访察踏看唐渠患情折》（雍正九年五月初六日），江苏古籍出版社，1991年，第499页。

民滋困，此封表之积弊，不可不察也。^①

乾隆四十一年（公元 1776 年）由宁夏将军三全与陕甘总督勒尔谨协商留给满营作为马厂，牧放牲畜，兼招纳垦户输租。昌润渠士民于乾隆三十年（公元 1765 年）在通福堡所开等水渠口恰恰在宁夏满营马厂界内，满营马匹及官兵往来需要通过该处。于是，乾隆四十三年（公元 1778 年），将军三全命令佐领斐杨阿太与平罗县丞在等水口进行筑坝铺路，将等水渠口填塞。如此一来，昌润渠等水渠口无法进水，影响到昌润渠整体的进水量，于民田灌溉有碍，事态便上升为"赴京控告"。由此，朝廷极其重视，后将此事妥善查处办理。一方面将两渠分开管理，另一方面在渠口搭桥通行，同时，将两县所欠官粮免。札什嘉木磋在《奏为遵旨勘明宁夏渠道折》中提道："惠农渠工程均由该渠士民自行修筑，不得派令昌润渠帮办。昌润渠之等水渠口既在满营马厂界内，应令搭盖桥座以利往来。前任将军三全委员筑规御水，原为经理马厂起见，及至土项被冲，佐领斐杨阿太并无复行筑诸情事，均请免议。其所控因此拖欠官粮万余石一节。查平罗县册档，该渠士民等实欠粮八千八百六十余石，据周玉桂等供系约略之词，亦请免议。"^②

总之，清代前期，宁夏水利灌溉事业继续发展。康熙、雍正年间，除了前代兴修的灌溉工程继续发挥作用以外，又兴修大清渠、惠农渠、昌润渠，与唐徕、汉延合称河西五大渠。明清时期宁夏

---

① ［清］张金城、杨浣雨修纂；陈明猷点校：《乾隆宁夏府志》卷八《水利·制度》，宁夏人民出版社，1992 年，第 255 页。

② 《宫中档乾隆朝奏折》第 47 辑《奏为遵旨勘明宁夏渠道折》（乾隆四十四年四月初三日），台北故宫博物院影印本，第 341 页。

灌溉工程不仅规模宏大，效益卓著，而且在工程技术和管理运用方面也有许多突出成就。

1. 河西五大渠均为无坝引水，渠口与黄河成斜交以利引水。2. 渠口外旁多修有迎水坝，导水入渠。3. 渠口内一二十里处设闸，控制引水量，并设"水表"测量水位。4. 引水闸外设有减水闸或溢流堰，以便水大时泄水入黄河，保障灌区安全。5. 干渠两旁支渠各建陡口，分水灌田。6. 大清、汉延、惠农等与其他河渠交叉处，修有暗洞、渡槽，使高低水流各行其道，互不干扰，以利高地引灌，洼地排涝。7. 各灌渠均定有春季岁修制度，各段渠底埋有"准底"石，作为春浚的标准。8. 放水浇灌实行"封俵"制，即立夏放水时，规定将上段各渠口关闭"封水"，逼水到梢，先灌下游，后灌上游，周而复始；封水时，支渠酌留二三分"俵水"，以防水大冲坏渠道。此外，还规定了头轮、二轮、三轮水浇灌的作物和时间。[①]

宁夏水利灌溉到清代中期虽还基本维持着旺盛的势头，但自道光、咸丰以后，便日趋荒废，修而复坏，灌溉效益日趋衰退。到1936年前后，宁夏灌区的总灌溉面积只剩下近80万亩，较之鼎盛时减少了130多万亩。

---

① 汪家伦、张芳：《中国农田水利史》，农业出版社，1990年，第471–472页。

第三章　近现代引黄灌溉工程的传承与变革

第一节　近代宁夏水利建设

一、建置沿革

民国建元，改府为道，以宁夏字与首县同，且地本朔方，乃改为朔方道，辖宁夏。民国十七年（公元1928年）9月，时任南京国民政府内政部长的冯系人物薛笃弼提出了甘肃省分治案：以宁夏、青海距离甘肃省省城太远、交通不便、不易发展为由，提出新设宁夏、青海两行省的提案。1928年10月17日，国民党中央政治会议第159次会议又根据第153次会议议决的甘肃分治案，决定将宁夏道旧属8县（即宁夏县、宁朔县、平罗县、中卫县、灵武县、金积县、盐池县和平远县）和宁夏护军使辖地（即阿拉善、额济纳2旗）合并建为宁夏省。东界绥远，自南及西界甘肃，北界蒙古省会曰宁夏县。[①]1928年10月19日，南京国民政府正式以国民政府命令行文公布设置宁夏省。[②]在《宁夏省政府成立宣言》

---

① 叶祖额：《宁夏纪要》，南京正论出版社，1947年，第3页。
② 《（宁）国民政府公报》第2号。

中即提道：安定人民生活……振兴黄河水利；举办垦荒畜牧……修治水陆交通。人民生活，既得安定，然后从事建设。本省为天然富于水利之区，因人民多沿旧习，罔知改善，旧渠日渐淤塞，新渠尚未开垦，且多因陋就简，未能通盘筹划。为积极的大规模整兴计，当本旧有经验，采取新的方法，开渠修堤，测量引水，利用黄河全水量，以收灌溉之益。[①]后宁夏行政区划，迭有变更，民国廿三年（公元 1934 年）划中卫东北部为中宁县，三十年（公元 1941 年）复划河西三县为五县，增永宁及惠农两县。[②]

二、近代宁夏引黄灌溉工程的恢复与发展

在半殖民地半封建的旧中国，水利建设也有着半殖民地半封建的烙印，西方近代水利技术逐渐传入我国，并开始了改进和取代古代水利技术的过程。这一时期虽然有一些爱国的水利专家努力吸收和利用西方先进水利技术，兴建了一些水利工程，但在帝国主义侵略政策和腐朽的社会制度的束缚下，从总体来看水利日渐衰败。[③]

1. 云亭渠等新渠的兴修

宁夏古朔方郡，地杂沙漠，居民鲜少，旧属碱卤不毛之区。自水利肇兴，开渠引流，灌田数千万顷，居民利赖遂变斥卤为沃壤，此所以有天下黄河富宁夏之谚也。所以，历朝历代均十分重视水利，尤其是宁夏灌区经过清代的发展，到民国时期灌溉渠道规模已经相当可观。但是，由于区域动荡，宁夏河工日益废弛，渠道淤塞，

---

① ［民国］《天津益世报》，民国十八年（公元 1929 年）一月初六日版。

② 宁夏省政府编：《宁夏资源》第一章《省区志略》，民国三十五年（公元 1946 年）第 1 页。

③ 周魁一：《农田水利史略》，水利电力出版社，1986 年，第 131 页。

户民逃亡，耕地荒芜。后来，为了扩大种植面积，恢复农业生产，增加赋税，充裕省库，民国政府开始积极实施复兴水利的计划，新修了一些水利渠道。

1932 年 8 月，曾任宁夏护军使的马福祥病逝，蒋介石为了稳定西北局面，同年十月任命马鸿逵为宁夏省主席。1933 年 2 月赴任后，马鸿逵就四处考察，始有兴水利之心。1934 年，时任全国经济委员会委员长宋子文到宁夏视察，"亲履各渠视察，以赞佩工程伟大之余，深感水土优沃，而觉未尽其利，国计民生，两有所失"，并当即允诺由全国经济委员会拨款万元，"俾开新渠，从事垦殖"。①中央对于宁夏拨款兴修水利的消息，也在《申报》《华北水利月刊》等书刊报纸上刊登出来。

孔部长祥熙鉴于开发西北之刻不容缓，日前曾亲赴宁夏考查，当以宁夏省土地肥沃，气候较缓，极宜农桑，然有黄河灌溉之便，而不能充分利用，诚为可惜，日前已与马主席鸿逵，计划妥善，沿贺兰山坡下，开一大渠，名曰塘渠，由东而西，至石咀山入河，再沿黄河附近，开一大渠，名曰黄渠，由东南而西北，亦至石咀山入河，两渠总计长五百余里，总名曰荣廷渠，图案业经绘成，由中央拨款二十万，用兵工开挖，现此项巨款，业已拨到，不日即将开工掘挖，预计今年即可竣工云。②

1934 年 8 月，宁夏省政府命令建设厅筹备成立云亭渠工程处，进行并主持新渠开凿的工程事宜。工程处下设总务组、测量组、

---

① 宁夏省建设厅编印：《宁夏省水利专刊》之《各渠考述·云亭渠》，北平中华印书局，民国二十五年，第 93 页。

②《华北水利月刊》，民国二十三年（1934 年）六月发表《中央拨巨款与宁夏水利》（第 7 卷，第 7/8 期，第 111 页）。《申报》，民国二十三年六月十一日（1934 年 7 月 22 日）发表《宁夏将开凿新渠》消息。

财务组、购料督工组等分工协作。另外，设立水利事务专员、副专员对工程建设进行管理。9月，测量组派员前往夏朔平三县实地测量，初次勘定在宁朔县属叶升堡的河岸开口，但该处河岸太高，河身过低，难以引水入渠，后经过多次详细测量，决定借惠农渠在王太堡的二渠桥旁为云亭渠的引水口。渠道北经杨和、李祥、通宁、通朔、通贵、通昌等堡，至平罗县通吉堡境内入黄河，长约120里。渠道测量完毕后，即于当年11月1日趁土地尚未封冻之际开工建设。工程分为两个阶段。第一期工程为1934年冬，从11月1日开始到当月28日结束，主要进行渠口和渠身的建设。渠口由夏朔平三县民夫进行开挖，每日从上午6时起工作，午时休息，下午1时起继续工作至5时停工，一天工作10小时，并适当发给伙食费，以示体恤。工作时，由购料督工组派督工员若干人与段长监督工作。惠农渠口面积狭小，如果容纳两条渠道所引河水，是极易发生危险的，但如果仅是利用惠农渠水，水量又不足用。所以，在渠口两旁各辟阔1丈6尺，以便增加水量。又在惠农渠自黄河入水口上游马关嵯一带添修长坝，作为云惠两渠总口，这样，水量可以增加至12分或15分（每分以5寸计），两渠水量就可以得到充足供给（图3-1）。

因为工程巨大，主要使用了士兵进行开凿，由第

图 3-1　第十五路军兵工挑挖云亭渠

十五路军总指挥部分派各部队官兵完成全部工作。每小段支配工兵一团余人，限定一日每人挖土一方，齐力猛进，计上段分配之工兵，共为八千八百零九员名；下段为一万二千四百九十五员名。乃因督促甚严，指导得法，而物料既预备齐全，兵工尤为努力，是以收效迅速，成绩优良，凡有闸坝桥洞，在最短期间，亦获同时完工。且前后共发放给兵工津贴计九万三千七百三十九元六角，其他铁锹洋镐等物资费用六千二百六十元，建筑材料购置费计二万二千余元。[①] 可以说此次渠道的修建是花费少，工期短。

民国二十四年（公元 1935 年）四月初七日《申报》报道了宁夏建云亭渠竣工的消息。该渠也被命名为"云亭渠"，是因"中央以已故国府委员兼蒙藏委员会委员长马公云亭，生前奔走党国，懋着励劳；并治军宁夏多年，民歌遗爱，故命名曰云亭渠，藉资纪念，俾垂永久"。为了纪念云亭渠的建成，马鸿逵也专门命人刻了《新建云亭碑记》，新中国成立后"云亭渠"改名为"民生渠"。

后来，依据云亭渠建设了军屯区，其设计者为浙江大学农学院毕业之邵惠群先生，他本着土地公有之理想，采省营农场之形式，而以军队为屯垦之先锋，以此计划建议于当时宁夏民政厅长兼十五路军参谋长李翰园，李转其意于马鸿逵，马氏深以为然，即以云亭渠之荒地，由邵计划进行。[②] 然其效果并不是非常显著，"渠是开成了，但是我们走了好半天，仍然看不到有一块开辟的荒地，渠水滔滔北流，只有牧羊的儿童才是这孤零渠水经常的伴侣。他

---

① 宁夏省建设厅编印：《宁夏省水利专刊》之《各渠考述·云亭渠》，北平中华印书局，民国二十五年，第93—94页。

② 刘继光：《中国历代屯垦经济研究》，团结出版社，1991年，第377页。

满怀灌溉几十万田亩的志愿，而且充分的具备了实现他这一志愿的力量，但是社会的环境只让原有的农村日渐崩溃，农民日渐逃亡，并不能发生扩张新辟农地的需要。……我们在王台堡打听着，从那里到我们今天的目的地——云亭渠的屯垦区，是 30 里，所以我们以为用不着予备粮食。……屯垦区在云亭渠北段，所经营之土地，不及全渠所有荒地百分之一。如果把宁夏全省的荒地一齐开垦出来，在现有人口 80 万之外，再添上 160 万亦非困难之事。”①

2. 引黄灌溉工程及其整体情况

民国时期在历代水利工程的基础上，不仅各灌区建有主要干渠，两坝还有支渠，多至千余道，或数百道，长亦数十里百里，尤难纪其名称。是以渠流纵横，田畴相望，不赖天雨，岁获丰收，虽地处边陲，而农作之便极矣。根据《宁夏省水利专刊》《朔方道志》等资料，我们分灌区进行简单罗列（图 3-2）。

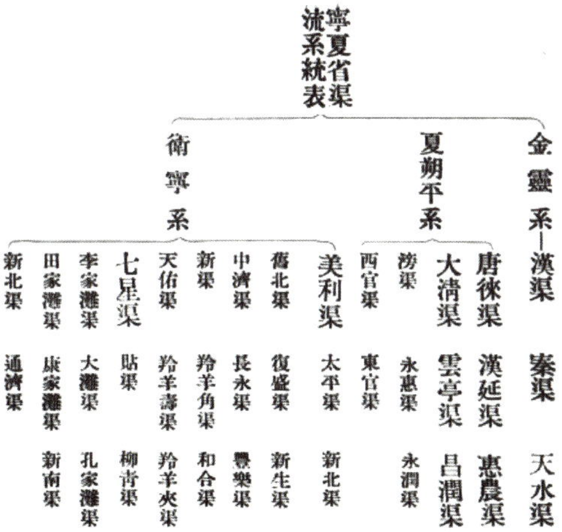
寧夏省渠流系統表
金靈系
漢渠
秦渠
天水渠
夏朔平系
唐徠渠
漢延渠
惠農渠
大清渠
雲亭渠
昌潤渠
滂渠
永惠渠
永潤渠
西官渠
東官渠
衛寧系
美利渠
太平渠
新北渠
舊北渠
復盛渠
新生渠
中濟渠
長永渠
豐樂渠
新渠
羚羊角渠
和合渠
天佑渠
羚羊壽渠
羚羊夾渠
七星渠
貼渠
柳青渠
李家灘渠
大灘渠
孔家灘渠
田家灘渠
康家灘渠
新南渠
新北渠
通濟渠

图 3-2　分灌区

① 范长江：《中国的西北角》，新华出版社，1980 年，第 199-200 页。

3. 修整排水沟

民国时期的《宁夏省水利专刊》对沟道系统有着非常形象的评价：宁夏水利，沟渠并重，渠则引流以溉田，沟则退水而入河，犹如人身之血脉，必须周流通畅，方免疲弱痼疾之忧，而各渠既灌之余水，全赖沟道宣泄，使无停蓄漫溢之患，是以平畴水泽，终成环流，灌溉攸资，民生永利，所谓一本散为万殊，万殊仍归一本也。[①] 宁夏水利自古虽沟渠并重，但是沟洞线路设计不良，无法取得良好的排水效果，因此虽有排水沟之名，却无排水沟之效。宁夏省政府鉴于此，为改良盐碱地，增加耕地，因此做出了整改河西、河东两区排水沟工程的计划。自民国二十一年（公元1932年）以来，因民力维艰，公款筹措困难，未能完全实现，将旧有的排水沟洞逐渐改善并利用兵工从事疏浚，三年间收到相当成效，增加可耕地面积达二十余万亩。[②]

东沟：在唐徕渠东，大清渠西，发源于大坝乡北界，引流历蒋顶、陈俊至汉坝乡界，遂向东转，穿过大清渠底，名曰永庆洞，再经瞿靖、林皋乡界，穿过汉延渠底，名曰林皋洞，仍向东汇归于惠农渠口，而入于河，长约三十里，共泄以上七乡之余水。

西沟：亦在唐徕渠东，大清渠西，发源于瞿靖乡西，经玉泉、邵岗、宁化至宋澄乡南界，向东穿过代山渠下，名曰永安洞，再至唐铎乡西南，向北有分水闸，分去一沟，名曰黑阳沟，又向东五里许，由汉延渠底穿过，名曰唐锋洞，仍向东历望洪乡界，至惠农渠底穿过，名曰望洪洞，东流入河，长约五十里，共泄以上

---

① 马希贤主编：《灵武文史资料》第7辑《神韵灵州》，2007年，第162页。

② 李翰元：《宁夏水利》，载于《新西北月刊》，1944年，第七卷第10-11期合刊，第74页。

七乡之余水。

永洪沟：发源于瞿靖乡北，介于汉清两渠之间，东历马站、李俊乡界，西历邵岗乡界，由两方稻田退水，汇聚于各连湖，往北至李俊乡西入沟，复向北五里入于西沟，是沟系西沟之支沟，长三十余里，虽仅排泄四乡余水，而水势甚大，因四乡纯为稻田故也。

黑阳沟：在唐徕渠东，汉延渠西，发源于西沟，由唐铎乡西北及分水闸而下，历曾岗、王全、许旺、西魏信乡界向北有分水闸分去一沟，名曰黄阳沟，再向东穿过汉延渠底，名曰魏信洞，再向东经河西寨、李祥乡交界，至惠农渠底穿过，名曰永宁洞，复由河滩东北，经过云亭渠东北入河，长约五十里，共泄以上六乡之余水。

黄阳沟：是沟旧道，系发源于西魏信乡，由黑阳沟分水闸而下，依次汇入汪家大湖、马家大湖、史家湖、杨家湖各水，自汽车道头道沟桥以下，又汇入秦家湖、孙家湖、韩家湖各水，至谢谷俊界，往北历掌政乡长湖套界，向南东转，由三合支渠下穿过，复穿过汉延渠底，名曰张政洞，直向东五里许，汇入该地左右各湖之水甚多，再穿过惠农渠底，名曰永固洞，复向东北十余里入河，长约四十里，共泄以上八乡之湖水，但多年废弛，尚未疏通。

小中沟：发源于新渠西，红花渠东，自望远桥北、二道墩、头道墩，依次穿过支渠五道，一湖泄退一湖，至省城东南，汇入于高台寺前，盐池滩沟口，接连往北，历邵必、更名乡界，至谢保乡马家大湖，汇入于北大沟，此沟系北大沟之支沟，长约三十里。

北大沟：其流域介于唐徕渠东，红花渠西，排泄省城南各湖之水，由东西城壕，汇入于北塔湖，复由北塔湖北，接连沟口，向北十五里许，汇入马家大湖，小中沟，仍向北十五里许，至王澄乡穿过汉延渠底，名曰永丰洞，汇入王澄塔湖，再由塔湖东复接沟口，行五里许，穿过惠农渠底，名曰永济洞，经通吉乡东北，汇归于河，长约五十里，此沟与小中沟，共退近城十余乡之余水。

西中沟：发源于良渠口以下，凡属唐徕渠西，自良渠口北至省城南，良渠东，新城南，如盈上，宁城及盈南各乡余水，由数十连湖，依次排泄，汇总于新城西大道之碱湖，又因沟桥洞下排泄，经过向家沟桥，往北退入于杨信乡之池子湖，复由池子湖入于西大沟。

西大沟：发源于靖益乡之海子湖，历杨显各湖，至盈上孙家庄接连沟口，向北经盈南、盈北、杨信、于祥、洪广、镇朔等乡，往北入于雁窝池，终流至石嘴山而入于黄河，长约二百五六十里，共泄退宁夏县十余乡之余水，但西靠山坡，地多沙漠，废弛淤塞，急待疏通。[①]

4. 裁弯取直河道治理

为了畅泄水流和保证通航，利用人工或水流冲刷将过于弯曲的河段裁直。永宁县望洪乡黄河在1934至1941年间塌毁农田近万亩、村庄数十处，河岸距离惠农渠和宁兰公路仅有四五百米，每年要组织人工用大量柴草卷扫、块石护脚，修筑长堤、多座挑水丁坝和护岸码头来护岸，保护惠农渠和宁兰公路的安全，但一场洪水过后，全部被冲毁，虽耗资数万却收效甚微。

李翰元根据《四川都江堰述要》中记载的"逢正抽心，遇弯裁角"的治水方法治理黄河河道，《朔方道志水利志》中载"顺

---

① 宁夏省建设厅编印：《宁夏省水利专刊》之《宁夏沟洞疏浚之纪略》，北平中华印书局，民国二十五年，第5页。

治初，灵州被水冲啮，因于河忠堡西岸挑沟，以分水势，后河竟西趋"的历史经验提出了改直望洪黄河弯道的建议。1941 年春，兵工一千余人，由仁存渡口以下黄河东岸历时一个月挑挖了一条长约一千米、宽三十多米、深两米多的深壕。当年伏汛期来临，将上下两口坝同时挖开，利用水冲，河竟东趋，原河槽水小流缓，落淤成滩。该处河患从此消除，保住了惠农渠和宁兰公路的安全。

三、近代宁夏水利法规体系

至民国初年（公元 1912 年），府缺裁撤，归宁夏道管理。至民国十七年（公元 1928 年）道缺又裁，改设水利总局，设总办一，甫经数月。至十八年（公元 1929 年）改建行省，全省渠务，归建设厅兼办，由厅委局长一员，段长四员，以专责成。至二十四年（公元 1935 年），举行二次省政大会，对水利制度，详加讨论，遂改局长制为委员制，由本渠受水农民选举委员九人，内选常务委员一人，至勘估工料及一切应行兴革事项，仍由建设厅监督之。[1] 为了调整水利机构，加强对水利行政人员的管理，使水利建设制度化、法制化，先后制定了一系列法规制度。民国二十四年（公元 1935 年）宁夏省第二次省政会议第六次议决案制定的《宁夏各县渠水利委员会通则》二十四条，规定了各县渠水利委员会的组织人员选举制度和职责范围，及所需经费的派发等相关问题。后又根据《宁夏齐县渠水利委员会通则》第十一条"冬县渠水利委员会，每届改选时，需有省政府建设厅派员监选，选举竣事，应将当选人姓名和选举情形，分呈省政府建设厅备案，其选举则例由

---

① 宁夏省建设厅编印：《宁夏省水利专刊》之《各渠考述·唐徕渠》，北平中华印书局，民国二十五年，第 1 页。

省政府另定之"制定了《宁夏省各县渠水利委员会委员选举条例》十九条，规定了选举水利委员会委员的各项条件和办法。明确规定了各县委除汉延、唐徕、惠农、大清、天水、秦渠、汉渠、美利七果各渠用间接选举法选举外，其他各渠都由该渠受水农民直接选举，初选代表必须为熟悉水利并且种田三十亩以上的人；水利委员会委员必须为熟悉水利、品行端正、粗通文理而无其他嗜好，种田必须在六十亩以上的人。同时也规定每届选举必须由省政府建设厅派员与县政府协作办理选举等事宜。此外，又根据《宁夏各县渠水利委员会通则》第十二条"各县渠估工办法另行定之"制定了《宁夏省各县渠估工办法》十条，规定了各渠勘估工程事宜。还根据《宁夏各县渠水利委员会通则》第二十三条"各县渠委员会委员，及所属各渠服务人员奖惩条例，由省政府另行定之"制定了《宁夏省各县渠水利人员奖惩条例》十四条，明确规定奖励分四种：加俸，记大功，记功，嘉奖（分传令嘉奖、褒奖、奖章、匾额等）；惩戒分为七种：徒刑，撤职，停职，减俸，记大过，记过，申戒。还规定了水利人员其他奖惩标准和办法，因而水利法规、制度得到了进一步完善与发展。

另外，加强对受水农民的管理也被提上法制化、制度化的日程。为了惩戒各村不参加水维护工作的受水农民，制定了《宁夏省建设厅科罚各渠春工误夫办法》，共二十五条，规定了对懒惰农民的惩罚标准和惩处办法，以及惩处程序和所罚物料的上缴和使用情况。为了统一种植浪稻，减少损失，宁夏省建设厅还制订了《宁夏省政府建设厅暂行规定汉唐惠清四渠浪稻办法》，共五条。明确规定了各渠浪稻种植的地段，规定任何乡村浪稻种植必须提前集会，决定浪稻种植地点与支渠，然后进行耕种。另外，还明确规定了浪稻种植的先决条件和各渠浪稻不同时期的放水期限，以及冬渠督放水浪稻人员的注意事项和督饬放水浪稻的目的。以达到不浪费田地、合理利用水源、利益均沾的目的。为了注重民生，整顿全省水利，依据宁夏省各县的具体情形，制定了《宁夏省水利人员暂行拘罚条例》，共十二条。规定了受罚标准和处罚方式，如无力支付罚款者，就拘留或者上工，一天顶一元。有情节严重者，必须上报建设厅，由省政府从严处理或者送法院依法治罪。

除上述条例办法外，后期又制定了《水利春工夫料点验办法》《渠夫朋伙办法》《各沟、渠养护管理办法》等十余种制度、办法，对水利机构的建设、水利设施的维护、遵选水利人员、灌溉管理的加强都有重要的推动作用。[①]

第二节　现代宁夏水利建设

一、宁夏的行政区划

宁夏回族自治区，简称宁，是中国五大自治区之一。1949 年9 月 23 日，宁夏解放。同年 12 月 23 日成立宁夏省。1950 年 1 月，成立吴忠市，5 月又改为吴忠镇，10 月恢复为吴忠市。1954 年 4月 21 日，宁夏河东回族自治区正式成立，下辖吴忠市、金积县、灵武县和同心县。1954 年 9 月，宁夏省建制撤销，并入甘肃省。1954 年 11 月 3 日，宁夏合并于甘肃后，原河东回族自治区和内蒙古自治区的行政区划不变，新设银川专区。1957 年 7 月 15 日，第

---

① 宁夏省建设厅编印：《宁夏省水利专刊》之《宁夏各县渠水利委员会通则》，北平中华印书局，民国二十五年，第 217 页。

一届全国人民代表大会第四次会议通过成立宁夏回族自治区的决议，以原宁夏省行政区域为基础成立宁夏回族自治区。1958 年 10 月 25 日，宁夏回族自治区正式成立，自治区辖 2 市、1 专区、17 县。2003 年 12 月 31 日，经国务院批准，撤销中卫县，设立地级中卫市，设立沙坡头区；将中宁县、海原县划归入中卫市，随后撤销石嘴山市惠农县和石嘴山区，设立惠农区；撤销陶乐县。2009 年 10 月 22 日，国务院正式批准同意设立吴忠市红寺堡区。

二、现代宁夏水利工程的快速发展与伟大成就

1. 新中国成立初期（1950—1957 年）

此时期，宁夏水利建设在"积极兴办农田水利，以逐步减少各种水旱灾害，保证农业增产"的方针指导下，引黄灌溉以整修旧渠沟、建设新渠沟和新排水系统为主。1950 年，宁夏首先整修河东山水沟，将原由灵武县城西北漫流入黄河的山水沟下段改道由张口堰流入黄河，为成立国营灵武农场创造了条件。1951 年春，扩整秦渠渠口至郭家桥段 30 千米，增加了引水量，并在郭家桥新建第一农场渠分水闸。该渠于 1951 年 4 月开工，11 月建成。通水冬灌渠长 31.6 千米，设计引水 18 立方米每秒（实为 22 立方米每秒），计划灌地约 17 万亩，已灌地 20 万亩。1951 年 9 月至 1952 年 10 月，政府调集青铜峡灌区 8 县（市）的民工、军工等 2 万余人，对唐徕渠口至银川西门桥 104 千米的渠道进行裁弯、疏浚、加固，改建桥闸与合并斗口，完成 16 处裁弯及疏浚，加土方 418 万立方米，建筑物 55 座，共用 122 万工日。经过这次整修扩建，改变了唐徕渠西门桥以上渠道的残破面貌，并取得了改造旧渠的成功经验。

1953年6月，在满达桥新建第二农场渠分水闸，1954年8月完成工程2/3时开始放水灌溉，1955年全部建成。渠长83千米，引水36立方米每秒，计划灌地约46万亩，已灌地28万亩，为开发西大滩和建立国营潮湖、简泉、前进等农场创造了条件。青铜峡河西灌区还新开了4个排水沟及其支沟。河东灌区整修了清水沟，新开了清水支沟8条和灵武东、西两排水沟。卫宁灌区建成单、双阴洞沟及红柳沟钢筋混凝土矩形渡槽三座，解除了历史上对七星渠危害严重的山洪危害。南部山区以发展小型水利为主，新建了固原县城阳渠、清惠渠、乃河渠，西吉县葫芦河渠、永丰渠，隆德县屯丰渠、清凉渠，海原县园子河东、西干渠，泾源县香水河渠等无坝自流引水渠道，还打了一批沿河井，安装水车提灌，当年即见成效。

这一时期的宁夏水利建设，按急需先办的原则，坚持先勘测设计再施工的基建程序，施工中重视质量，经济效益显著，深受群众欢迎。

2. "第二个五年计划"和国民经济调整时期（1958—1965年）

水利建设在1958年"大跃进"形势下，兴建了一批骨干工程。以灌溉为主、结合发电的青铜峡水利枢纽工程于1958年8月开工，从引黄灌溉各县市抽调民工2万余人，配合水利部第三工程局（后改为青铜峡水利工程局）施工。1960年2月24日截流，开始发挥灌溉效益。该枢纽工程的兴建，结束了青铜峡灌区各大干渠无坝引水的历史。枢纽抬高水位18米，为在高部位增开新渠创造了条件。

中宁跃进渠于1958年4月开工，组织中宁、中卫、宁朔、永宁、银川等地劳力2.4万人，突击60天，完成全长85千米、土方443

万立方米、各种建筑物 94 座的渠道工程，当年通水灌地。其干劲之大、进度之快，实属罕见。西干渠于 1959 年 10 月开工，调集引黄灌区 10 县（市）民工 5 万余人，采取分段包干的办法，于 1960 年 4 月完成，渠长 113 千米，引水能力 30 立方米每秒，当年灌溉土地约 5 万亩。西干渠的建成，开创了引黄灌溉冬季大规模施工的先例，堪称宁夏水利史上一大成就。

后期调整阶段，在"巩固提高，加强管理，积极配套，重点兴建，为进一步发展创造条件"的水利建设方针指导下，引黄灌区与南部山区都着重搞了已建工程及其灌区的配套建设，使其及时发挥灌溉效益。引黄灌区还兴建了河西第五排水沟、四二干沟、大坝沟、吴忠南干沟、永宁四清沟等，整修了中卫北沙沟（油粮沟）中宁南、北河子沟。至此，引黄灌区自流排水体系基本形成。

这一时期修建的工程之多前所未有，为扩大水浇地面积、促进农业生产发挥了积极作用。但由于多处开工，勘测设计工作跟不上，施工中又求快，质量较差，造成一些损失浪费。如隆德南峰、北峰两条引水上山渠道，因水源严重不足，工程又十分艰巨，不得不半途而废；西吉县兴隆水库（中型）坝址选择不当，将滥泥河包在库内，1960 年 9 月建成，1963 年汛前库内淤积面已与溢洪道底持平，为防止溃坝灾害，于 1963 年汛前扒坝放弃；中卫寺口子、西吉黄家川、盐池李家大湾 3 座水库建成后一直蓄不上水，无灌溉效益，但增大了坝下地下水源。

3. "社会主义建设"时期（1966—1976 年）

在"文革"初期，各级水利机构瘫痪，工作迟滞，建设缓慢。1970 年，全国北方 14 省（区）农业会议后情况有所好转，水利建设在"小型为主，配套为主，社队自办为主"的方针指导下，川区中卫河北灌区将美利渠扩建为总干渠，将原来由黄河开口引水的太平、新北、旧北、复盛等渠并入作为支干渠，实现了引水一首制，并新开了北支干渠（原扶农渠）。青铜峡水利枢纽工程建成，1968年2月13日第一台机组发电，1978年12月8台机组全部安装完毕，总装机容量27.2万千瓦，年发电量约10亿度，被誉为"塞上明珠"。自治区第一条用混凝土全断面砌护的东干渠于1976年建成，全长54千米，引水54立方米每秒，最大引水7立方米每秒，可灌地54万亩，对解决河东灌区人多地少的矛盾、发展农业起到了重要作用。

在排水方面，河西灌区又开挖了青铜峡反帝沟、永二干沟银新沟，使排水系统更趋完善。同时在银北地区兴建了一批电排站和排水机井，形成沟、站、井相结合的排水系统。陶乐县废除岁修繁重、进水保证率低的惠民、利民二渠，改为电力提水灌溉，使灌溉面积由6.8万亩扩大到8.2万亩。

这一时期水利建设规模不小，问题也不少。如西干渠银川段24千米全断面砌护，耗资90多万元，因地下水出渗和冻融影响几乎全部垮塌。

4. 全面改革时期（1977—1999年）

中共十一届三中全会以后，拨乱反正，恢复实事求是的作风，各项建设讲求经济效益。在"加强经营管理，讲究经济效益"的方针指导下，水利工作重点由建设转向建设与管理并重，重视发挥已有工程效益，同时兴建了一批扬水工程，规模较大的有中卫南山台子、吴忠扁担沟、青铜峡干城子、同心、固海、盐环定等扬水灌溉及人畜饮水工程。其中同心与固海两扬水工程（后合并为固海扬水工程）规模最大，共安装机泵107台，总装机容量7.84

万千瓦，干渠长 150 千米，支干渠长 51 千米，共 11 级扬水，总扬程 382.47 米，有 17 个泵站，扬水 25 立方米每秒，计划灌溉清水河两岸川台地约 50 万亩，并解决沿途人畜饮水问题。该工程采用"骨干与配套同步进行，建成一段受益一片"的方法，到 1986 年工程全部建成时，灌溉面积已达约 20 万亩，占设计灌溉面积的 40%，受到自治区的嘉奖。盐环定扬水工程可解决宁夏盐池、同心，甘肃环县，陕西定边 4 县 36 万人、127 万头牲畜饮水问题，并可灌溉沿途约 32 万亩旱地，是亚洲规模最大的人畜饮水工程，装机容量 6.13 万千瓦（97 台），扬水 11 立方米每秒，11 级扬水，总扬程 452 米，总干渠全长 97 千米，1996 年 9 月共用工程完成，交付使用。李鹏总理为工程纪念碑题写碑名"陕甘宁盐环定扬黄工程"。[1]

5. 社会建设新时期（2000 年以后）

21 世纪以来，水利是经济的命脉，面对水资源短缺问题日益凸显困局，宁夏以节水型社会建设为主，以高效利用水资源为中心，拓展和延伸治水的内涵和外延，一个为农业、工业、城市、生态各业服务的大水利格局加快形成。累计发展高效节水灌溉面积 300 万亩，占全区灌溉面积的 1/3。"十二五"期间，农田灌溉水利用系数由 0.46 提高到 0.52，全区万元 GDP 用水量下降到 191 立方米，年引黄河水量由最高年份的 89 亿立方米稳定在 65 亿立方米左右。

党的十八大以来，在不断严格水资源管理的基础上，转向以系统治理为主，以保障水安全为目标，加快治水理念、治水方式、

---

[1] 卢焕章：《新中国成立后的宁夏水利》，载于《黄河与宁夏水利》上卷，宁夏人民出版社，2006 年，第 91—96 页。

治水路径向现代化转变，宁夏初步建立起统筹水资源保护、水环境治理、水生态修复，兼顾生活、生产、生态用水安全保障体系，全面迈入了开放治水的新阶段。实现了所有河湖水系河长制全覆盖，黄河宁夏段水质稳定保持在Ⅲ类，全区河湖水环境持续向好。大力深化水利改革，宁夏水权试点率先通过全国验收，中央水流产权确权试点、水资源消耗"双控"行动等重点改革取得实质性进展。深入实施"互联网＋水利"六大行动，率先建成全区统一"水慧通"平台，三大扬水泵站自动化基本建成，有效拓展了治水新空间。引黄古灌区申遗成功，使"塞上江南"有了文化之魂。

宁夏又率先开展省级节水型社会示范区建设，实现了水往"高"处流，破解了工业和城市发展用水瓶颈；率先全境建成黄河标准化堤防，形成了"一堤六线"的黄河保护利用新模式；率先启动现代节水生态灌区建设试点，打造沿黄生态经济带发展的平台；率先出台了深化改革保障水安全意见，72项改革顺利推进。水土保持"彭阳经验"在黄土高原推广，减少亿吨泥沙入河，成为全国唯一的沙化逆转省区。[①]

三、宁夏引黄古灌区世界灌溉工程遗产

1.世界灌溉工程遗产申报

2017年10月11日晚，在墨西哥城召开的世界灌排委员会执行大会上，宁夏引黄古灌区等3处古代水利工程被确认成功申报世界灌溉工程遗产并授牌（图3-3）。宁夏引黄古灌区成为我国黄河流域主干道上首个"世界灌溉工程遗产"，宁夏实现了申遗"零

---

① 许新霞：《昔日望天水 今朝富民情——宁夏水利60年发展综述》，央广网，2018年9月12日。

的突破"。

图 3-3　宁夏引黄古灌区世界灌溉工程遗产参会代表

宁夏引黄古灌区于 2017 年 10 月被列入世界灌溉工程遗产名录，是黄河主河道上第一个世界灌溉工程遗产，它见证了黄河文化发展的历史进程，是北方农耕文明和绿洲生态系统的典型代表。为科学解决灌溉工程遗产保护与利用之间的矛盾，让灌溉工程遗产永续利用、造福人民，宁夏水利厅严格按照宁夏建设黄河流域生态保护和高质量发展先行区的目标和任务，从制定遗产保护规划、出台遗产保护条例、编制遗产保护名录、建立遗产展示中心等方面系统性地解决宁夏引黄古灌区灌溉工程遗产面临的保护、传承以及可持续利用等问题。

2. 制定宁夏引黄灌溉工程遗产保护规划

为系统构建宁夏引黄灌溉工程遗产保护管理体系，深入挖掘灌溉工程遗产的历史文化内涵，使"陈列在广阔大地上的遗产、书写在古籍里的文字都活起来"，让全国乃至世界认知宁夏历史脉络、感受古渠魅力，推动灌溉工程遗产的保护、发展与可持续利用，宁夏编制了《宁夏引黄灌溉工程遗产保护规划》（以下简称《规划》），做到规划先行，进行有序保护。

　　《规划》由文本和规划图集两部分组成，其中文本共分十章，分别为总则、遗产构成与价值分析、现状评估、遗产保护规划、遗产利用规划、管理规划、研究规划、风险与效益分析、保障措施、附则。规划期限为 2018—2035 年。第一章总则，主要阐述规划的背景、必要性与紧迫性、性质、依据、指导思想、目标、原则、基本思路、范围、规划分期。第二章遗产构成与价值分析，主要介绍遗产区概况、遗产构成、遗产特征、价值分析。第三章现状评估，重点阐述宁夏引黄灌区传统水利工程型式及其管理、文化建筑、设施遗存的保存情况，并对相关遗产现状问题进行了分析。第四章遗产保护规划，将宁夏引黄灌溉工程遗产划分为重点保护对象和一般保护对象；并为不同的保护对象划分了具体的保护范围；针对保存现状，提出和确定合理有效的保护要求及保护措施。第五章遗产利用规划，主要分为遗产利用方式、原则、总体布局、水利功能可持续发挥、文化挖掘及展示体系建设、遗产品牌培育利用、遗产宣传教育体系。第六章管理规划，主要包括管理机构与职能、管理制度、管理机制。第七章研究规划，分为专项研究课题、灌区考古研究、文化挖掘与宣传、研究机制。第八章风险与效益分析，主要阐述随着宁夏区域社会经济和基础设施建设快速发展，可能带来遗产工程传统布局和区域景观的改变，对引黄灌溉工程遗产保护和灌区生态环境产生一定风险；但随着对宁夏引黄灌区可持续保护、利用工作的开展，其产生了巨大的经济、生态、社会效益。第九章保障措施，主要分为组织保障、政策保障、资金保障、人才队伍及科技保障、宣传教育及社会保障。第十章附则，阐述遗产保护规划由文本、图集和附件三部分组成，文本和图集具有同等法律效力。

3. 出台灌溉工程遗产保护条例

按照《规划》有关要求，宁夏水利厅起草了《宁夏回族自治区引黄古灌区世界灌溉工程遗产保护条例》（以下简称《遗产保护条例》），经宁夏回族自治区第十二届人民代表大会常务委员会第二十一次会议于 2020 年 7 月 28 日通过，自 2020 年 9 月 1 日起施行（图 3–4 至图 3–11）。

图 3–4　国际灌排委员会主席纳瑞兹为宁夏引黄古灌区授予世界灌溉工程遗产证

图 3–5　宁夏引黄古灌区世界灌溉工程遗产参会代表的代表证

图 3-6 宁夏引黄古灌区世界灌溉工程遗产授牌

图 3-7 宁夏引黄古灌区世界灌溉工程遗产工程证书

图 3-8 国家灌溉排水委员会给宁夏回族自治区政府发来贺信

图 3-9 宁夏引黄古灌区申遗海报

图 3-10 宁夏引黄古灌区成功申报世界灌溉工程遗产新闻发布会

图 3-11　央视对宁夏引黄古灌区入选世界灌溉工程遗产进行报道

　　《遗产保护条例》是中国第一部省级层面专门针对世界灌溉工程遗产进行保护的专项条例，首先，明确了宁夏引黄古灌区世界灌溉工程遗产保护对象，包括在用类古灌溉工程、遗址类古灌溉工程以及与引黄灌溉相关的非物质文化遗产。其次，确定了引黄古灌区遗产保护原则、施行遗产保护规划制度及遗产保护名录制度，坚持依法保护、科学规划、稳定功能、统筹协调的原则，保持遗产的完整性和真实性；由水利厅负责编制遗产保护规划和遗产保护名录，报请自治区人民政府批准后实施。再次，明确了遗产保护主体和保障资金来源，自治区人民政府水行政主管部门及其所属的水工程管理机构和遗产所在地各级水行政主管部门按照管理权限，具体负责遗产的保护工作，遗产保护工作所需经费列入各级财政预算予以保障。最后，规定了遗产实施保护的报批程序和禁止行为，并规定了具体的处罚措施。

　　4. 编制灌溉工程遗产保护名录

　　按照《遗产保护条例》有关规定，自治区实行引黄灌区遗产保护名录制度。首先，确定了遗产保护名录收录对象，即在宁夏引黄灌区遴选出一批一百年以上在用类古灌溉工程、遗址类古灌溉工程，由古灌溉工程伴生的桥梁、碑刻等历史文化遗存以及灌溉技术、民俗活动、表演艺术和实物、文献资料等与引黄灌溉相关的非物质文化遗产。其次，确定了灌溉工程遗产保护名录编制标准，即每个入选名录的灌溉工程遗产项目由文字、图片、经纬度、延伸范围、存续状态等内容组成，其中重要遗产文字介绍字数控制在 400 字左右、一般遗产文字介绍字数控制在 250 字左右，重要遗产现状照片 2 ～ 3 张、一般遗产现状照片 1 张，明确遗产经纬度、范围、存续状态等，最终编制成"宁夏引黄古灌区灌溉工程遗产保护名录"，并结合名录中重点灌溉工程遗产分布位置，按照普查中测得的经纬度绘制"宁夏引黄古灌区重点灌溉工程遗产点位分布图"。通过编制保护名录，有助于全面摸清和了解宁夏引黄灌溉工程遗产家底及保存现状，也便于遗产管理部门动态监测灌溉工程遗产，有针对性地开展灌溉工程遗产保护利用工作。

5. 启动灌溉工程遗产展示中心建设

宁夏水利厅启动了宁夏引黄古灌区世界灌溉工程遗产展示中心（以下简称"遗产展示中心"）建设项目，该项目是助力宁夏黄河流域生态保护和高质量发展先行区建设的需要，更是站在保护、传承、弘扬黄河文化的历史高度，深入贯彻落实习近平总书记重要讲话精神的具体实践。遗产展示中心的建设，有益于灌溉工程遗产的科学保护与合理利用，对推进自治区生态文明建设、全域旅游发展都具有重要的现实意义。通过建设遗产展示中心，深入挖掘宁夏引黄古灌区世界灌溉工程遗产的历史文化价值，继承和弘扬优秀黄河水利文化，增强自治区文化软实力，助推宁夏引黄古灌区在转型升级中持续焕发新生机，在传承治水技术的基础上，进一步丰富当代治水、用水、管水技术内涵，创新治水理念，

不断提升水利建设和管理水平，推动建成以水为脉、全面彰显宁夏历史文化的新平台，从更广的维度，向国际、国内展示宁夏区域人文发展、民族融合和人水和谐的奋斗历程。

2023年9月17日，在第六届中阿博览会水资源论坛上，国际灌溉排水委员会授予宁夏回族自治区水利厅"世界灌溉工程遗产数字展示中心"牌匾。

第四章　宁夏引黄灌溉工程体系

宁夏引黄古灌区工程体系包括引黄灌溉渠系、排水沟系、闸坝涵等各类控制工程。宁夏引黄古灌渠的渠首工程大都采用无坝引水，直至修建青铜峡和沙坡头水利枢纽之后，部分管道转由水库引水。宁夏引黄灌区由青铜峡灌区和卫宁灌区两部分组成，灌区内沟渠纵横，灌排系统完善。灌区现有干渠 25 条，长 2454 千米。其中，历史管道 14 条，长 1224 千米。干渠总引水能力 750 立方米每秒。排水干沟 34 条，总长 1000 千米，排水面积 600 万亩，排水能力 650 立方米每秒。管道重点水工建筑物 9265 座。其中：干渠直开斗口 5293 座、干渠桥梁 1865 座、泵站 474 座、涵洞 586 座和其他各类建筑物 1047 座。宁夏引黄灌区现有灌溉面积是 828 万亩，其中，自流灌区 576 万亩，大中型扬黄灌区面积 252 万亩。

宁夏引黄灌区包括自流灌区和扬黄灌区，总面积 12953 平方千米。引黄自流灌区土地面积 8896.8 平方千米，包括青铜峡灌区和沙坡头灌区。其中：青铜峡灌区土地面积 7328.5 平方千米，位于宁夏西北部，南起青铜峡水利枢纽，东邻鄂尔多斯台地，西倚贺兰山，北至石嘴山。以黄河为界又分为河东灌区和河西灌区。沙坡头灌区土地面积 1568.3 平方千米，位于宁夏中西部，西起沙坡头水利枢纽，东至青铜峡水利枢纽，北靠腾格里沙漠，南以香山为界。以黄河为界分为河北灌区和河南灌区。宁夏扬黄灌区包括固海灌区、固海扩灌灌区（以下简称固扩灌区）、盐环定灌区、红寺堡灌区、陶乐及月牙湖扬水灌区，土地总面积4056.2平方千米。其中：固海灌区（含固扩灌区）位于宁夏南部清水河平原，土地面积为1439.2平方千米，主要分布在同心县、海原县和原州区等地区；盐环定灌区位于宁夏中东部，土地面积1049.9平方千米，主要分布在盐池县；红寺堡灌区位于宁夏中部，土地面积1567.1平方千米，主要分布在吴忠市红寺堡区、中宁县、同心县。

第一节　引黄灌溉渠系

一、青铜峡灌区

（一）河西总干渠

河西总干渠是由1960年唐徕渠引水段扩建而成，从青铜峡枢纽坝下到唐徕渠正闸，全长8千米。由枢纽1号机组、9号机组发电尾水供水，最大输水能力450立方米每秒。在总干渠1.25千米处建有1号退水闸，3千米处建潜坝抬高水位；在6千米处（原唐徕渠三闸，亦称汇畅闸）建有2号退水闸，给惠农渠供水；在8千米处（原唐徕渠头闸，亦称关边闸）建有3号退水闸，给汉延渠供水。大清渠渠口及唐徕渠正闸并列于干渠尾。

1958年新建河西总干渠节制闸（潜坝）；1959年新建西干渠进水闸；1962年至1963年扩建唐三闸（汇畅闸）为惠农渠进水闸，扩建头道退水闸（关边闸）为汉延渠进水闸，二道退水闸（安宁闸）废除；1969年新建1号退水闸；1977年将大清渠进水闸并入唐正闸东侧；1979年至1995年对三闸至9号机组尾水段进行裁扩砌护；

2003年，对汉延渠进水闸（头闸）进行改造，命名为"汉惠闸"；2006年秋，对西干渠进水闸进行翻建；2012年10月对惠农渠进水闸（三闸）、唐正闸进行改造；2014年11月，翻建潜坝、西干渠进水闸；2012年及2016年对干渠两侧实施清洁型流域综合治理。[①]

唐三闸位于青铜峡市境内河西总干渠桩号4+500处，见图4-1，原为唐徕渠第三道退水闸，又称汇昌闸。1953年对该闸进行大修，将原挡闸方式由插杠子改为木闸门；1962年，河西总干渠建成后，惠农渠引水口由原黄河西河口改由该闸引水至今；1963年进行扩建，由4孔扩建为6孔，采用砼平板闸门，启闭方式由手动改为手电两用；1967年西河口完全封死后，惠农渠完全由该闸引水；1981年对该闸海漫进行加固；2000年翻建闸房和闸后护坦，新建消力坎；2013年实施病险水闸除险加固改造项目，新建闸房，更换启闭设备和闸门，改造后设计流量90立方米每秒。

图4-1　河西总干渠唐三闸

（二）唐徕渠

唐徕渠全长154千米（干、支渠全长314千米），最大引水流

---

① 各渠介绍主要参考宁夏水利厅官网和《宁夏水利志》等资料。

量 152 立方米每秒，有各类水工建筑物 775 座，承担着宁夏青铜峡河西灌区 7 个市县、34 个乡镇、225 个行政村、6 个国有农场 120 多万亩农田的灌溉和典农河、阅海公园、沙湖等湖泊湿地的补水任务，是宁夏引黄灌区最大的自流灌区，也是最古老的灌区之一。2010 年永宁、兴庆区及贺兰段被公布为宁夏回族自治区文物保护单位。

唐徕渠又名唐来渠、唐梁渠，习称唐渠。唐徕渠之名最早始见于宋夏时期，西夏法典《天盛改旧新定律令》中记载关于唐徕渠诸多法律条文。如卷十五《桥道门》中规定"沿唐徕、汉延、新渠，其他大渠等，不许人于沿岸闸口、垫版上无道路处破损缺圮"。[①] 虽西夏已对唐徕渠有明确记载，然该法典为西夏文，后世译者按照今名译为"唐徕"，故唐徕渠，或唐来渠，最早的少数民族文字文献当始于西夏天盛年间（图 4-2）。

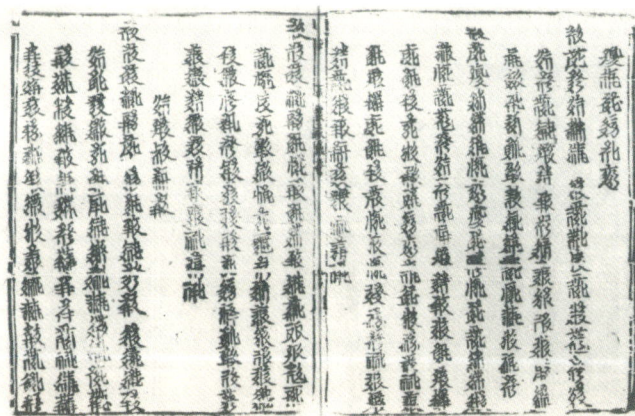

图 4-2　西夏文《天盛改旧新定律令》

"唐来渠"目前最早的汉文文献则发现于元代。在《中国藏黑水城汉文文献》中收录了一件黑水城出土的元代汉文文献《戴

---

① 史金波、聂鸿音、白滨译：《天盛改旧新定律令》卷一五《桥道门》，法律出版社，2000 年，第 505 页。

四哥等租田契》，其编号为 M1·0989［F13：W106］，该田契为写本，麻纸，行草书，残屑，高 31.5 厘米，宽 15.7 厘米。该契约录文如下：

1.……渠住人戴四哥、张七、马和等……

2.……口谋到唐来渠西兀日金牌官人闲荒草……

3.东至唐来为界，南至民户地为界，西至草地为界

4.北至本地为界。四至分明……

　　黑城文书中所记的唐来渠是原西夏境内的唐来渠，还是黑水地区有一条渠道也叫唐来渠，目前还不能确定，我们期待着新资料的进一步发现。[①] 可惜的是该文书残缺不全，没有保留下来完整的契约内容，尤其是缺失了关键的时间和地点等信息，但可以肯定的是该文书是目前发现的最早用汉文书写"唐来渠"的出土文书，对我们研究唐来渠的发展具有非常重要的价值（图 4–3）。

图 4–3　戴四哥等租田契[②]

① 杜建录、邓文韬：《黑水城出土两件租赁文书考释》，《宋史研究论丛》，2014 年，第 153–156 页。

② 塔拉、杜建录、高国祥：《中国藏黑水城汉文文献》第六册，国家图书馆出版社，2008 年版，第 1259 页。

　　"唐来渠"目前最早的汉文典籍也始于元代。《宋史·夏国传》载："兴、灵则有古渠曰唐来，曰汉延，皆支引黄河。故灌溉之利，岁无旱涝之虞。"① 又如元代苏天爵编写的《元文类》（卷五十）和齐履谦的《知太史院事郭公行状》记载："至元改元，从忠宣公行省西夏，兴复濒河诸渠。先是，西夏濒河五州，皆有古渠。其在中兴州者，一名唐来，长袤四百里；一名汉延，长袤二百五十里。其余四州，又有正渠十，长袤各二百里，支渠大小共六十八。计溉田九万余顷。"②

　　《元史》载，至元三年五月丙午（公元 1266 年），元世祖委任董文用、郭守敬等到西夏故地，"浚西夏中兴汉延、唐来等渠。凡良田为僧所据者，听蒙古人分垦"。③

　　明英宗正统二年五月乙巳（公元 1437 年），虏五千余骑犯宁夏唐来渠。④ 明嘉靖《陕西通志·宁夏卫》中载"黄河在卫东南四十里，流至西南临洮府、兰州，经宁夏中卫南，过碛口，至本卫境，居人疏渠溉田数万顷……贺兰桥在卫西，跨唐来渠"。⑤ 另据《嘉靖宁夏新志》载，"宁化寨桥、社稷桥、贺兰桥、新立桥、站马桥、天生桥，俱跨唐来渠者。"⑥

---

① ［元］脱脱：《宋史》卷四八六《夏国传》，中华书局，2004 年，第 14028 页。

② ［元］苏天爵撰：《元朝名臣事略》卷九《太史郭公》，中华书局，1996，第 149 页。

③ ［明］宋濂：《元史》卷六《世祖本纪》，中华书局，1976 年，第 110 页。

④ ［明］谈迁著，张宗祥点校：《国榷》卷二十三《英宗正统二年条》，中华书局，2013 年，第 1537 页。

⑤ ［明］赵廷瑞、马理等纂，董健桥校注：《陕西通志》卷四《土地山川》，三秦出版社，2006 年，第 164 页。

⑥ 邵敏校注：《嘉靖宁夏新志》卷一《宁夏总镇·桥渡》，中国社会科学出版社，2015 年，第 20 页。

　　清人顾祖禹《读史方舆纪要》中陕西汉延渠条内记载，"汉延渠在镇城东南。支引黄河水绕城溉田，可万余顷。又唐来渠，在卫城西南。亦引黄河水绕城而西，溉田亦万余顷。弘治十二年（公元 1499 年）抚臣王珣言：'卫西山下更有汉、唐旧渠，首尾三百余里，两岸高峻，中广二十余丈。今大半淤塞，请疏凿成河，修筑东岸，积土削墙，山口要害，各设营堡，沿河按伏，以遏贼冲，且便军民耕种'云。"[①] 该书在诸多渠条目下提及唐来渠，然并没有专设唐来渠条。

　　值得注意的是在《读史方舆纪要》和《嘉靖宁夏新志》中保存了两幅地图，均对明代宁夏地区的水利进行详细的标注，虽一张图清晰，一张图模糊，但两张图可互作印证，其中唐来渠赫然在列（图 4-4、图 4-5）。

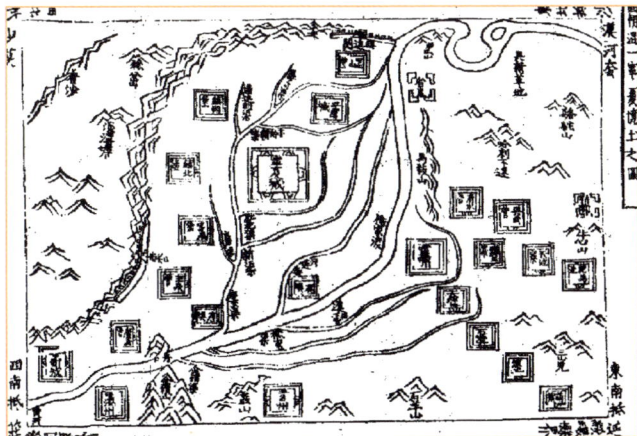

图 4-4　《嘉靖宁夏新志》之《国朝混一宁夏境土之图》[②]

---

① ［清］顾祖禹撰，贺次君、施和金点校：《读史方舆纪要》卷六二《陕西十一·宁夏镇》，中华书局，2010 年，第 2947 页。

② 邵敏校注：《嘉靖宁夏新志》之《国朝混一宁夏境土之图》，中国社会科学出版社，2015 年，第 6 页。

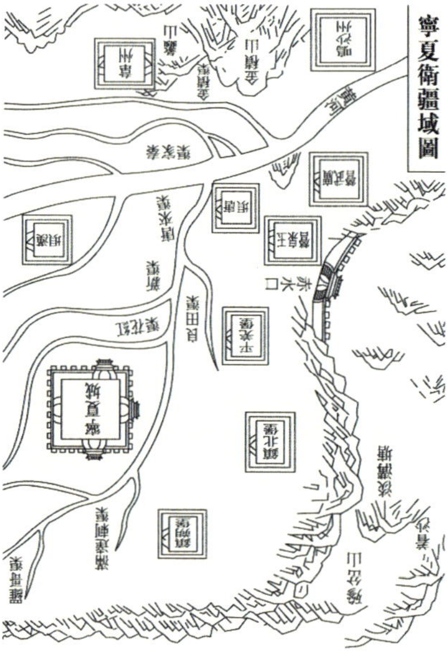

图4-5 《嘉靖宁夏新志》之《国朝混一宁夏境土之图》[1]

《万历朔方新志》记载"唐徕渠亦汉故渠而复浚于唐者"，并招徕民众垦殖，遂名唐徕渠。原渠口在黄河青铜峡"一百零八塔"下，现自河西总干渠取水[2]，见图4-6、图4-7。

图4-6 古唐徕渠引水口碑

图4-7 一百零八塔

---

① ［明］赵廷瑞、马理等纂；董健桥校注：《陕西通志》卷六《土地疆域》，三秦出版社，2006年，第239页。

② ［明］杨寿，胡玉冰校注：《万历朔方新志》，中国社会科学出版社，2015年，第264页。

"闸分天上水，工自古人奇"。闸坝控水技术的应用是引黄灌溉发展进步的重要标志。千年流淌、润泽古今的唐徕渠，见证了闸坝控水的演化历史，引黄闸坝控水在历代史书中多有记载，《朔方道志·水利志下·渠工则例》记载："在渠上先有滚水坝（今名跳水坝）……以消其势。过此有退水闸，或二或三，水小则闭之，使尽入渠，水大则酌量启之，使泄入河。又过此为正闸，则渠之咽喉也。"《万历朔方新志》卷一载："汉唐正闸，二水至二壩为闸所束，势汹涌，故以巨木障其旁与底中流列柱，分为三闸，驾桥构宇于上，亦奇观也。"闸坝控水技术在引黄灌溉工程中的应用，使得"塞北江南"的丰饶才与日俱盛。

唐正闸是宁夏引黄古灌区世界灌溉工程遗产最具有代表性的标志工程，唐正闸的闸和坝配套布设是闸坝控水技术的应用典范。唐正闸位于河西总干渠末端，是宁夏最大的自流渠道唐徕渠的渠首进水闸，修建于元代，由郭守敬主持完成。其后数百年间，明清政府多次组织了闸坝的改造加固工程（图4-8、图4-9）。

图4-8 唐徕渠唐正闸碑　　　　图4-9 唐徕渠唐正闸

新中国成立后，灌区利用现代化技术数次改建翻修唐正闸，使其适应新的时代需求。1952年春，扩建唐正闸，对原进水闸及退水闸翻修加固，闸墩改用水泥砂浆砌筑石料，将原闸4孔扩为6

孔废除原插杆挡闸，改为木闸门，安装 6 台 5 吨手摇板牙式启闭机。1960 年青铜峡水利枢纽截流，结束了无坝引水的历史。正闸以上渠段，形成河西总干渠，原头闸（关边闸）改作汉延渠进水闸，二闸（安宁闸）废除，三闸（汇昌闸）改作惠农渠进水闸。1971年翻修唐正闸消力池。1976 年改建唐正闸，将原 6 孔改建为 10 孔，其中唐徕渠 8 孔，大清渠 2 孔。原木闸门改建为钢筋混凝土闸门，手摇板牙式启闭机改为电动手摇两用式卷扬式启闭机。1981 年对该闸海漫进行加固。2013 年实施病险水闸除险加固改造项目，对唐正闸进行翻建，闸房采用汉唐风格，更换启闭设备和闸门，改造后设计流量 120 立方米每秒。2000 年翻建闸房和闸后护坦，新建消力坎。2006 年 4 月，第二农场渠西湖斗更换为拱形平面铸铁闸门，标志着唐徕渠木制闸门历史的结束。2012 年，唐正闸实施中型病险水闸除险加固改造，外观设计采用汉唐风格，保留闸墩、交通桥、上下游翼墙、上游护坡，闸墩以上工作台采用钢筋混凝土结构，更换复合钢闸门，更新卷扬式启闭机，实现闸门远程自动控制，千年唐正闸面貌焕然一新。现干渠全长 314 千米，承担120 多万亩农田灌溉及 20 万亩湖泊湿地补水任务。

唐徕渠水自南流经满达桥，呈"Y"形的渠道自此分流，分别向西北的第二农场渠和东北的唐徕渠流去。满达桥节制闸共七孔，其中西边四孔是第二农场渠进水闸，东边三孔是唐徕渠进水闸，满达桥节制闸是唐徕渠中下游的输水中枢，其功能是闸前后的水位调节、汛期防汛等。

满达桥节制闸修建于 1953 年，曾经是唐徕渠灌域最混搭的一座枢纽型节制闸：20 世纪 50 年代的闸墩，70 年代的排架，90 年代的管理闸房。2019 年除险加固工程项目启动，对现状水下闸室部分（闸墩和闸底板）进行保护性修复，修旧保持原貌；闸房按照仿汉唐建筑风格拆除重建，两侧高塔楼全部采用轻钢耐用材料，增设自动化控制系统和视频监控系统（图 4-10、图 4-11）。

图 4-10　唐徕渠畔《唐徕赋》

图 4-11　唐徕渠龙王庙

（三）汉延渠

汉延渠又名汉源渠，习称汉渠，原开口于黄河青铜峡出口左岸。汉延渠之名，最早同唐徕渠一样见于西夏《天盛改旧新定律令》。元世祖至元三年（公元 1266 年）郭守敬"更立闸堰"，疏浚通渠。

明洪武三年（公元 1370 年）、成化六年（公元 1470 年）组织大修。明隆庆六年（公元 1572 年）汪文辉建石正闸一座四孔。清顺治、康熙、雍正、乾隆年间先后多次组织大修。光绪二十九年（公元 1903 年）和民国三年（公元 1914 年）两次上移渠口。民国 27 年（公元 1938 年）渠口由青铜峡陈俊堡九道沟上移至西河口，与惠农渠、大清渠并口引水。

明《嘉靖宁夏新志》中所记河渠有"汉渠，自峡口之东凿引河流，绕城东逶迤而北，余波仍入于河，延袤二百五一里。其支流陡口大小三百六十九处"。[①]

新中国成立后，1962 年兴建汉（汉延渠）并唐（唐徕渠）工程，将汉延渠改由唐徕渠头闸引水入王家河，于王家河和西河汇流处堵坝，开新渠 7 千米，入大清渠故道，至九道沟下接入原渠，变无坝引水为有坝引水。之后历经裁弯取直、除险加固、灌区续建配套等项目实施，对管道及配套建筑进行多次扩整和改造，现干渠长 88 千米，设计流量 70 立方米每秒，灌溉面积 46 万亩。

汉惠闸位于青铜峡市境内河西总干渠桩号 5+845 处，原为唐徕渠头道退水闸，又称关边闸。新中国成立后，1953 年将原闸由 4 孔扩建为 5 孔，挡闸方式由插杠子改为木闸门，采用手摇板牙式启闭机。1962 年，河西总干渠建成后，汉延渠引水口由原黄河西河口改由此闸引水至今。1978 年将料石闸墩改为混凝土闸墩，闸门启闭方式由手动改为手电两用。1981 年对闸室、海漫段进行维修加固。1990 年对闸下消力池进行翻修。2003 年，在实施青铜峡灌区续建配套与节水改造工程中，对此闸进行改造，由 5 孔扩建

---

① 邵敏校注：《嘉靖宁夏新志》卷一《宁夏总镇·水利》，中国社会科学出版社，2015 年，第 18 页。

为 7 孔，改造后设计流量 130 立方米每秒。2004 年将汉延渠上段 13 千米扩整为"汉惠干渠"，并命名此闸为"汉惠闸"（图 4-12、图 4-13）。

图 4-12　汉惠闸碑（左）、汉惠闸（右）

图 4-13　汉延渠进水闸（左）、汉延渠永庆退水闸（右）

附：《钦命大修汉渠碑记》　清　观察使钮廷彩

臣钮廷彩奉职朔方，凛兹成命，夙夜惕若。癸丑之春，疏汉渠，戒事于水利同知臣石礼图，越百执事，奔走先后，自渠口达尾，绵亘一百九十五里八分。测水平，竟源委，高者裁之，怒者厮之，雍者涤之，沮洳而漫衍者潴之，渠以大利。正闸一，退水闸三、尾闸一、陂堤凡几，或因旧更新，或昔无而今益，瓷砌坚完，苇亘重叠。卜虔于龙神，迁诸东麓，庙貌以新。桥亭一，横桥二十

167

有零，迤逦联属，轮蹄便适。是役也，发夫五千人，縻金万万，凡一月工竣。猗欤盛哉！汉之穿斯渠也，作者数万人，历三期，费以巨万十数，功非不伟矣。……①

关于汉渠诗歌较多，如《民国朔方道志》卷二十九清代水利同知王全臣所撰《重修汉渠暗洞》：

河流分泄汉唐中，双拖白练舞长虹。
唐徕西绕兰山麓，汉延绵亘唐之东。
中间万顷分扼注，余波总向湖中聚。
群湖宛转东归河，汉延堤高截去路。
古人立法妙有余，地底钻穴透汉渠。
就下能消群湖水，仿佛沧冥泄尾闾。
慨自河迁唐口咽，蓄之乌有焉用泄。
虽然古洞迹犹存，一任泥沙久埋灭。
大清渠开水洋洋，迎水堤成势更狂。
田间水满翻为虐，到处泛溢嗟怀襄。
寻得古洞皆木植，支撑渠底苦无力。
经营石甃洞为三，奥若蛟宫不可测。
石梁潜架邃且幽，坚牢稳载汉渠流。
任安灌溉盈沟浍，暗把狂澜细细收。
老农欣欣喜相告，年来鸣蛙产釜灶。
三洞赖我使君修，夏不旱兮秋不涝。
曾闻河源来自天，一曲伏流路几千。

---

① ［清］张金城、杨浣雨修纂，陈明猷点校：《乾隆宁夏府志》卷二十《艺文》，宁夏人民出版社，1992年，第761—762页。

或使天公聊小试，暂移鳛穴到银川。

纷纷行客频过此，惊看渠底水涟涟。

道是策马历东阳，一派宫商清入耳。

使君政暇可郊行，洞侧清凉好驻旌。

为听潺洄河中去，尽是三渠击壤声。

予也闻之深愧谢，工以幸成劳奖借。

开渠修洞踵先贤，但愿岁岁宜禾稼。

（四）大清渠

大清渠，初名贺兰渠，为清顺治年间宁夏道管竭忠据民所请创开。据《上巡抚言渠务状》载，清康熙四十七年（公元 1708 年），宁夏水利同知王全臣到任之初，即巡视宁夏水利渠系，发现"汉渠口之上，有一小渠，名曰贺兰渠，宽数尺，长十余里。乃前任宁夏道管竭忠据居民所请开浚者，别引黄河之水，灌田数顷。职上下相度，见河水直冲渠口，而第苦于口低身小，导引不得其方，莫能远达"。

有人曾上奏欲借此渠形势，另开一渠，以助汉、唐水力之所不逮。但之前经过勘察论证，认为虽然另开一渠颇有裨益。然工程浩大，约计用夫万余，一月尚不能竣；又虑修理闸坝，需费不赀，遂尔中止。

等到王全臣到任后，令职与都司役用额夫，"距旧贺兰渠口之上三里许，

图 4-14 大清渠碑

直迎水势，另开一口，至马家庄地方，引入旧渠，而扩之使宽。行三四里至陈俊、汉坝两堡之交，即弃旧渠而西，引水由高处行，以达于唐渠。虽远至数十里，而庄园坟墓，皆绕以避之，毫无所伤。其所损田亩，尽为除厥差徭，居民莫不欢欣乐役。凡兴工仅七日而渠成，不崇朝而遍注田间。自来高亢之地，一旦水盈阡陌，妇女孩童，咸出聚观，惊喜之状，若有意外之获。其渠口上距唐渠口二十五里，下距汉渠口五里，乃右卫唐坝堡所属。东西共陡口一百六十七道，灌溉九堡田地共一千二百二十三顷，至宋澄堡仍汇入唐渠。本道以此渠阅十数年道旁之筑者，今告成于七日，且相度形势，较王惠民向所勘验，引水更易。不觉喜形于色，谓移此用夫之法，以修唐、汉两渠，不难坐令各渠疏通也。于是于四十八年（公元 1709 年），竟以此渠闻之宪台，倡捐俸资，于陈俊堡建石闸一座，计两空，每空宽一丈，闸外建石退水闸三座。工既成，蒙命其闸口大清闸，渠曰大清渠，其规模竟与汉、唐两坝鼎峙矣。"①

《清史稿》记载清循吏周克开，乾隆十九年（公元 1745 年），以明通榜被授甘肃陇西知县。后来调宁朔，县属宁夏府，且在宁朔治水绩最显著，并河有三渠，曰汉来、唐延、大清，皆引河入渠灌田。唐延渠所经地多沙易漫，克开治之使深狭，又颇改其水道，渠行得安。渠有石窦，泄水于河，以备旱涝，民谓之暗洞。时暗洞崩塞，渠水不行，上官欲填暗洞而竭唐延入汉来，以便宁夏县之引河，宁夏利而宁朔必病。克开恐夏、秋水盛无所宣泄，时新水将至，不可待。克开请五日为期，取故渠及废闸之石，昼夜督工，五日而暗洞复，两县皆利。大清渠长三十余里，凿自康熙间，

---

① ［清］魏源：《皇朝经世文编》卷一一四《工政二十·各省水利》，岳麓书社，2004 年，第 382–383 页。

久而石门首尾坏，民失其利，克开亦修之，皆费省而工速。[①]该条材料中将唐徕、汉延两渠名字有所混淆。

《清儒学案·复魏汕汀问河套屯田书》中河套地区兴水利条中曾例举，"宁夏汉、唐二渠，俱用黄河之水，从此出塞。古丰州在河东岸，其地膏腴，可仿开大清渠之法，再开一渠。查河水流至府谷，深仅七八尺，则从宁夏出塞，不过四五尺，开渠必易，得利尤厚。"[②]

雍正十二年（公元1734年）、乾隆四年（公元1739年）及乾隆四十二年（公元1777年）先后重修。光绪十三年（公元1887年）重修涵洞，光绪三十年（公元1904年）重修渠工，光绪三十四年（公元1908年）修压迎水坝。民国二十九年（公元1940年）在尚家桥下戴家车门附近新建石涵洞一座。

1953年合并于唐徕渠作为支干渠，在跃进桥以上建闸分水，新开渠6千米。1977年至1978年将大清渠口上延与贴渠合建进水闸，并于唐徕渠进水闸东侧。之后历经除险加固、灌区续建配套等项目实施，对管道及配套建筑进行多次扩整和改造，现干渠最大引水流量20立方米每秒，全长23.5千米，灌溉面积6万亩。

附：《大修大清渠碑记》 钮廷彩

汉、唐二渠之水，支分远注，疏引渐多，而水势因浸乎微矣。恭蒙圣祖仁皇帝远筹民计，于汉、唐二渠之中复开大清渠一道，柔延百余里，引黄入唐，联贯而下，水源充畅，岁事丰登。……

① ［民国］赵尔巽等：《清史稿》卷四七七《周克开传》，中华书局，2003年，第13025–13026页。

② ［民国］徐世昌撰，沈芝盈、梁运华点校：《清儒学案》卷一九一《古愚学案》，中华书局，2008年，第7388页。

爰于雍正十一年冬，鸠集工匠，炼灰采石，办料庀材，先期预备。择吉于雍正十三年上巳之辰。兴工建修，恢宏旧制，畚锸咸施，淤者浚之，窒者疏之，坚其湃岸，固其闸座。龙神庙貌，巍然灿然。不一月，而诸事毕举，凡向之所谓狭者、浅者、倾圮泡漏者，莫不整然改观矣。且其源洋洋，其流汤汤，询诸父老，佥称水利之盛，未有如斯者也。①

（五）惠农渠

惠农渠，俗称"皇渠"，清雍正四年（公元1726年）由工部侍郎通智主持修建，雍正七年（公元1729年）五月竣工，原开口于黄河左岸叶盛堡俞家嘴花家湾，至平罗县西河堡入西河，长200里，渠成赐名"惠农"。现自河西总干渠三闸（原为汇畅闸）取水（图4-15至图4-17）。

图4-15　惠农渠阮桥段

图4-16　惠农渠永治闸

《重修宁夏渠工碑记》载，"宁夏，古朔方郡，河渠之利甲天下。雍正四年，增建惠农、昌润二渠。自是渠合为五，分流灌溉，民利赖之。……其惠农渠，则自汉坝堡、刚家嘴起，至尾闸堡入河，袤二百六十二里。昌润渠，则自通吉堡、溜山

---

① ［清］张金城、杨浣雨修纂，陈明猷点校：《乾隆宁夏府志》卷二十《艺文》，宁夏人民出版社，1992年，第762-764页。

子起，至永屏堡入河，袤
一百三十六里。"①

图4-17　惠农渠蔡家桥闸

乾隆三年（公元1738
年）渠道遭地震破坏，震
后奏请复修。乾隆九年（公
元1744年）渠线下延15
千米，十年（公元1745年）
改口于宁朔县林皋堡朱家河，三十九年（公元1744年）又改口于
汉坝堡刚家嘴，四十二年（公元1777年）、五十一年（公元1786年）
钮廷彩请帑重修。嘉庆十七年（公元1812年）、道光四年（公元
1824年）、同治元年（公元1862年）、光绪二十五年（公元1899年）
请帑重修。光绪三十一年（公元1905年）改道于杨和堡之东。民
国三年（公元1914年）上移渠口于宁朔县（今青铜峡）汉坝堡施
家河。民国二十九年（公元1940年）移渠口于西河引水（图4-18、
图4-19）。

图4-18　惠农渠永宁段民生桥

图4-19　惠农渠龙王庙

①［清］祁韵士著，刘长海整理，《祁韵士集·袖爽轩文稿》卷二《重修宁夏
渠工碑记》，三晋出版社，2015年，第624页。

新中国成立后，1952 年至 1953 年建成一排、二排倒洪洞，1956 年将昌润等 6 渠并入惠农渠。1961 年至 1963 年实施河渠分家工程，惠农渠并入唐徕渠三闸供水，同时对龙门桥至阮桥段近百条千米渠道进行扩整。1969 年春至 1970 年春，改建惠农渠龙门桥进水闸、退水闸。之后历经裁弯取直、除险加固、灌区续建配套等项目实施，对渠道及配套建筑进行多次扩整和改造，现干渠最大引水流量 97 立方米每秒，全长 256 千米，灌溉面积 113.4 万亩。

附：《惠农渠碑记》工部侍郎　通智

黄流自青铜峡口而下，支派分流，至此而滔滔汩汩，顺流远引，足溉数万顷之田。其渠口石子层累，底岸维坚。由此而东北，遍历大滩，择地脉崇阜处，开大渠三百里，口宽十三丈，至尾收为四五丈，底深丈一二尺以至五六尺不等，高者洼之，卑者培之，引入西河尾，并归于黄。建进水正闸一，曰惠农闸。建退水闸三，曰永护，曰恒通，曰万全。节宣吐纳，进退无虞。设永泓、永固暗洞二，以通上下之交流；设汇暗洞一，以接汉渠之余水。正口加帮石囷，头闸坚造石桥，则渠源不患冲决。特建尾闸以蓄泄之，外累石节以巩固之，则渠稍可以永赖。大渠口以东，俱引灌大渠水，其田势高处，刳木凿石为槽，以飞渡汉枝渠之水而东之，仍不失其已然之迹。西坂渠尾以南，直抵渠口，其西岸不能归暗洞之小退水，特留獾洞放之大渠一带出之，亦绝无涨漫之患。任春、叶升二堡，为往来孔道，于正闸复造桥房，旁列数楹，可为守者居，兼为行者憩。建龙王庙，立碑亭以记工程，并壮观瞻。沿渠之桥二十有二，西河之桥十六，行旅往来，赖以普济。其枝渠四达，长七八里以至三四十里者百余道，均作陡口飞槽。而户口人民，沿渠又各制小陡口、小獾洞千余道，以相引灌，自此沟塍绣错，二万余顷良田无不沾足。于渠之东，循大河涯筑长堤三百二十余里，以障黄流泛溢；于渠之西，疏通西河旧淤三百五十余里，以泻汉、唐两渠，诸湖减水各闸，旁建水手房四十二所，以司启闭。遍置塘房三十七处，稽察边汛，而大渠长堤以至西河，兼恃防护。渠堤二岸，俱夹植垂杨十万余本，其盘根可以固（塀）[解]岸，其取材亦可以供岁修。至于东北隅一带，其地尤广，其土尤沃。改六洋河为渠，一百一十余里，以佐大渠所不及。奏请建县城二：其一在田州塔南为新渠县；其一在省嵬城西为宝丰县。立县令以赓民社，设通判以司水利，建学校以育人材，置营弁以备防汛。移市口于石觜，汉夷皆便；建城堡于山后，守御相资。

是役也，蒙皇上特颁帑银十六万两，以为工匠车船一切物料之用，纤微不累于民。肇始于丙午之孟秋，工竣于己酉之仲夏。①

（六）河东总干渠

东干渠由青铜峡枢纽坝上引水，是青铜峡灌区部位最高的一条干渠（故有高干渠之称），是新中国成立以后宁夏兴建的第一条采用混凝土全断面砌护的大型管道。东干渠自青铜峡大坝东端（右岸）坝上取水，渠首建有3孔钢筋混凝土弧形闸门，设计引水流量54立方米每秒，经利通区至灵武市郭家碱滩，尾水入灵南干沟和汉渠（图4-20、图4-21）。

---

① ［清］魏源：《皇朝经世文编》卷一一四《工政二十·各省水利》，岳麓书社，2004年，第388-389页。

图 4-20　河东总干渠

图 4-21　青铜峡碑

考诸史籍，明代中叶曾在东干渠线附近开凿过"金积渠"，但未成功。明嘉靖《宁夏新志》记载："金积渠在州西南金积山口，汉伯渠之上，弘治十三年，都御史王珣奏浚，长一百二十里，遍地顽石，锤凿不能入，火醋不能裂，竟废之，今存此虚名耳。"

1967 年 4 月至 1971 年 10 月实施第一期工程，新建进水闸，完成上段 33 千米管道及配套建筑物建设。1972 年初至 1975 年 11 月实施第二期工程，完成 21.13 千米管道及配套建筑建设。之后历经除险加固、灌区续建配套等项目实施，对管道及配套建筑进行多次扩整和改造。现管道全长 54.4 千米，设计流量 45 立方米每秒，灌溉面积 39.2 万亩。

（七）秦渠

秦渠位于宁夏平原黄河以东，因始凿于秦而得名。又名北地东渠、秦家渠，是河东灌区最大最早的干渠。据文献记载，秦家渠之名最早见于元大德七年（公元 1303 年）虞集《翰林学士承旨董公行状》"开唐徕、汉延、秦家等渠";嘉靖《宁夏新志》灵州水利记载"秦家渠,古渠名也";乾隆《大清一统志》宁夏府记载"秦家渠在灵州东,异亦曰秦渠,古渠也";《读史方舆纪要》卷六十二,宁夏镇记载"秦家渠,在黄河东南、分河水溉田数百顷"。

秦渠的维修整治始见于明代。万历十八年(公元1590年)周弘"依河西汉唐坝筑以石",天启三年(公元1623年)张九德于渠口下筑长拜,修猪嘴码头(挑水坝)。清康熙时李山将进水闸砌以石底。雍正二年七月(公元1724年),年羹尧奏:"臣奉旨亲至宁夏渠口,中为汉渠,东为秦渠,西为唐渠,唐渠之中,向东分流者为我大清渠,溉田不啻万顷,现在尚无倒坏,间有冲决,修筑甚易。查宁夏设有水利都司,俟收获水涸查勘修理。"从之。[①]乾隆三十八年(公元1773年)改汉渠废口为上口,原口为下口。光绪三十四年(公元1908年)陈必淮修复猪嘴码头。民国二十四年(公元1935年)河水冲决秦渠细腰子拜,省建设厅督饬,两月工竣未误冬灌(图4-22)。

图4-22　秦渠碑

---

① [清]蒋良骐撰,林树惠、傅贵九点校:《东华录》卷二六,中华书局,1980年,第423页。

新中国成立后，1951年、1959年翻建节制闸、退水闸，对管道裁弯取直，新开第一农场渠。1958年青铜峡水利枢纽开工，由导流明渠临时分水闸引水。1960年青铜峡枢纽截流后，从电站8号机组尾水渠引水。1969年建河东总干渠自余桥分水闸引水。之后历经除险加固、灌区续建配套等项目实施，对管道及配套建筑进行多次扩整和改造，现干渠全长60千米，灌溉面积16.1万亩（图4-23）。

图4-23　秦渠、汉渠分水闸

（八）汉渠

汉渠，又名汉伯渠，与汉光禄渠有因成沿革关系。《旧唐书·李晟传》记载，元和十五年（公元820年）李听曾疏浚过光禄渠。《读史方舆纪要》记载，光禄渠在所（灵州守御千户所）东，"渠在灵州，本汉时导河溉田处也"。

明洪武时经过疏浚，灌田七百三十余顷。明天启年间，张九德创开芦洞，解决了汉渠积水问题。清康熙时祖良贞浚深闸底，增长迎水拜（堤）。乾隆时黎珠将汉渠原口让于秦渠，于野马墩另设引水口，下做八工闸（退水闸），而后又上延引水拜至杨柳泉。

《清史列传》载，乾隆四十七年（公元1782年）十一月报疏："又灵州有秦汉二渠，秦渠渠口本低，闸坝冲损，所需工料无多，令农民自修；汉渠口高身低，渠身地名野马滩、大圪塔二处，壅淤九百余丈，应易地改濬。"[①]

新中国成立前，汉渠自峡口渠口北流至灵武县胡家堡，尾水入涝河（即今清水沟）。

新中国成立后，1956年至1963年整修廖桥以上段，拓延张家小闸以下渠线，实施中段改道。1958年青铜峡水利枢纽开工，由导流明渠临时分水闸引水，1960年青铜峡枢纽截流后，从电站8号机组尾水渠引水。1969年建河东总干渠自余桥分水闸引水。之后历经除险加固、灌区续建配套等项目实施，对管道及配套建筑进行多次扩整和改造。现管道全长44.3千米，设计流量33.5立方米每秒，灌溉面积15.2万亩（图4-24、图4-25）。

图4-24 汉渠碑

① 王锺翰点校：《清史列传》卷二五《勒尔谨传》，中华书局，2005年，第1925页。

图 4-25　秦渠、汉渠分水闸

（九）马莲渠

马莲渠原系汉渠的五大支渠之一。新中国成立前，马莲渠及波浪渠渠梢湖泊多，所谓的河东七十二连湖大部集中在这里。1969 年秦汉总干渠建成后，马莲渠直接从总干渠余桥分水闸引水，郝渠从马莲渠开口引水。1969 年春，由秦汉渠管理处设计施工，开挖了余桥分水闸至双闸的新渠 5 千米，新建了沈闸、董府跌水带桥、金积北门桥、西门桥等建筑物，废弃了汉渠上的马莲渠口、郝渠口，自治区水利工程处在余桥分水闸下 200 米处兴建了马莲渠、郝渠分水闸，并由青铜峡县受益社队建斗口 6 座、涵洞 1 座、桥 1 座，吴忠市受益社队在波浪渠上建斗口 15 座、桥闸 11 座、涵洞 3 座。1972 年结合南干沟扩整改建过南干沟渡槽时，将波浪渠双闸至东大桥的两个弯道裁顺，1982 年到 1983 年，农田水利费投资 5 万元重新整修波浪渠关渠闸至双闸及马莲渠犁花桥以上的斗口，并安上启闭机。1985 年用塑料薄膜和混凝土板砌护了波浪渠南干沟渡槽至双闸的部分填方渠段长 1.84 千米，渠底塑膜用厚 0.5 米的土层覆盖，渠坡塑膜上糊一层草泥再用混凝土板护砌（图4-26）。

马莲渠从总干渠余桥分水闸引水，向东北行250米至郝渠口后，同吴青公路并行4.5千米至双闸，再折向东行11千米，尾水入清水沟，从双闸引水的波浪渠继续沿吴青公路行4.7千米至东大桥后，折向东行7千米，尾水入清水沟。[①]

二、卫宁灌区

卫宁灌区（亦称沙坡头灌区）是中卫、中宁两县独成系统的灌区。在黄河沙坡头与青铜峡之间，渠河包罗面积658平方千米，共有人口65万人，其中农业人口占92%。灌区盛产小麦、水稻、枸杞和果类，是自治区农业的稳产高产区。

《陕西通志》载，宁夏中卫：蜘蛛渠袤五十八里，溉田三百余顷。石空渠袤七十余里，溉田一百七十余顷。弘治初，参将韩王修浚，而胡马不能渡矣。白渠袤四十里，溉田一百七十顷。枣园

[①]《宁夏水利志》编纂委员会：《宁夏水利志》，宁夏人民出版社，1992年，第146页。

渠袤三十五里，溉田九十余顷。中渠袤三十六里，溉田一百二十余顷。以上五渠，俱在黄河西。七星渠袤四十三里，溉田二百一十顷，与鸣沙州共之。贴渠袤四十八里，溉田二百二十余顷。羚羊店渠袤四十五里，溉田二百六十余顷。夹河渠袤二十七里，溉田一百四十余顷。柳青渠袤三十五里，溉田二百八十四顷。胜水河袤八十五里，溉田一百四十余顷。以上六渠，俱在黄河东。①

新中国成立前，由黄河开口引水的大小渠道 23 条，其中中卫 7 条，中宁 16 条，灌地 39.85 万亩。新中国成立后，大力整治旧渠，将渠系紊乱、设施简陋的美利、七星等渠改造成为支斗渠配套的灌溉渠系，裁并了扶农、太平、复盛、柳青、新南、新北、康滩、通济等旧渠，建成了比较完整的灌溉系统。新开了跃进渠。灌溉面积发展到 92.97 万亩（其中扬水 29 万亩）。②

（一）七星渠

七星渠，原渠口在黄河右岸泉眼山下，因相传山下有泉七眼，形若列星，故名。有始创于西汉天汉元年（公元前 100 年）之说，七星渠之名最早见于明宣德年间。《宣德宁夏志》记载："七星渠，黄河东，自闸至尾长二十二里支水灌田二百二十三顷八十亩。"渠的开口应在现在的龙坑沟东（古清水河河道）、新堡镇附近。明正统四年（公元 1439 年），宁夏巡抚督御史金廉言："镇有五渠，资以引溉，今鸣沙州七星、汉伯、石灰三渠久塞，请用夫四万疏浚，溉芜田千三百余顷。"③。据《嘉靖宁夏志》记载，卫宁灌区

---

① ［明］赵廷瑞、马理等纂，董健桥校注：《陕西通志》卷三八《三边水利》，三秦出版社，2006 年，第 1971 页。

② 卢德明主编《宁夏水利新志》，宁夏人民出版社，2004 年，第 68 页。

③ ［清］张廷玉：《明史》卷八八《河渠志六》，中华书局，2003 年，第 2154 页。

有 13 条正渠，灌溉面积 22.77 万亩，其中七星渠长 43 里，灌溉面积 2.1 万多亩。天启七年（公元 1627 年），因进口引水严重受清水河影响，遂将清水河改道，引向西北，越过轿子山流入黄河。《改修七星渠碑记》中记载在这次改修中，七星渠口上延 3 里许移至舟塔，这时，七星渠由宁安起经恩和至鸣沙止，全长约 70 里（图 4-27、图 4-28）。

图 4-27　七星渠进口闸

图 4-28　七星渠进水口

据《大清一统志·宁夏府》记载，宁夏有大小干渠 23 条，七星渠"在县东南 120 里……本朝康熙中重浚，长百余里，溉田 5 万余亩。乾隆二十三年（公元 1758 年）复浚，溉田 7.91 万亩"。七星渠延长到 140 里。清雍正十二年（公元 1734 年），宁夏道台钮廷彩因"七星渠口逼近山河，多碱，每遇暴涨，溢入渠口，宁安、威武之地，率皆生成蔓草荒滩，淤泥塞塞……于草滩下建正闸，逼近河流，改通山河，又畅水流"。同年，钮廷彩主持造红柳沟环洞，建飞槽，引七星渠入白马滩至张恩堡，开垦新田三万余亩，扩大了灌溉面积。清《乾隆中卫县志》载："七星渠自泉眼山开口东南流。"此时七星渠口在泉眼山东侧，从鹰石嘴下引水。道光年间（公元 1821 年至 1851 年），中卫知县郑元吉组织在下游干河子沟上架了木槽，通水到张恩堡一

183

带。光绪二十四年（公元 1898 年）知县王树楠于"口下鹰石嘴建闭水闸（即正闸）三道，退水闸二道下流四里许修石闸三座，费银二万余金"。此时七星渠口在鹰石嘴以西，泉眼山的北侧。至此，七星渠已达到现代渠道（1972 年以前）的规模。^①

民国七年（公元 1918 年），渠绅王祯筹款在鹰石嘴进水闸上游 3 里许的临河面，修建并列的 3 孔进水石拱涵洞，长 85 米，各宽 3 米，高 2.2 米，清水河水从涵洞顶上通过。

新中国成立后，1958 年将临河料石涵洞改为 4 孔排针式明闸，作为引水口。其下游 300 米新建进水闸，安装木平板闸门（群众称"老渠口闸"）。1973 年 10 月渠口上移至中卫申滩，将羚羊夹渠口扩建为七星渠口，新建进水闸 3 孔。后历经裁弯取顺、管道扩整、山洪治理、高干渠扩整、续建配套及节水改造等项目实施，对管道及配套建筑进行多次改造。现干渠长 120.6 千米，设计流量 61 立方米每秒，承担着自流灌区 32.4 万亩农田灌溉和中部干旱带三大扬水供水任务（图 4-29）。

图 4-29　七星渠刘湾闸口

---

① 周嘉玲：《七星渠沿革》，载于《中卫市文史资料》（第 3 辑），阳光出版社，2016，第 505 页。

附:《改修七星渠碑》(明·天启七年)(公元 1627 年)

威宁旧有七星渠,荒淤岁久,塍沟圮塞,加以山水自固原奔驰而下,汹涌澎湃,岁为渠患。膏沃之壤,化为蓁芜。徒丁逋赋,顿减屯籍之半。大中丞焦公,天启丁卯,秉钺兹土,慨然曰:有能任此者,吾且显著其绩,以酬厥劳。檄下道府,遴委将弁,议经费,商工役,度地形,乃据西路同知韩洪真、屯田守备王光先所条上诸款,衷议以闻。以百户李国柱、刘宰分督之,而专任韩郡丞综其事。谓旧渠口上,石刚且顽,奈何强之以水,于是移凿近三里许,河益尊善下,岸益谦善受,阔凡四丈五尺,深八尺。河行于凿口三里许,地势复高,旧三空闸旁,浚隙地十五里,渠阔如前,入宁安故道中。散者聚,迅者折,亢者夷,潴者泄。中间为宜民闸、五空闸、铜钱坝、盐池湖,凡四道,站马桥,贴渠横河坝凡二道委曲输泻。自口至威武一百单,至鸣沙又七十里,浩浩荡荡,以次下于田,支分脉析,注玉溅珠,浮塍贯亩。其山水为患者,朔渠上五十里,古有北水口淤塞,故徙而东注,北口近河石梁为埂,故逆而上壅,则凿中石梁四十七丈,深九尺,阔一丈六尺;下石梁五十三丈,深二丈,阔倍之,水引入黄河。东坝墼门,叠筑崇堤,底阔十丈,顶阔三丈五尺,高十一丈,纵横百步,障涛底澜,不使患渠。是役也,自三月上浣迄五月,凡三阅月而竣。用军民工役,由三千二百五十人。……吾侪小人,为山河所虐,不享渠之利者十数年矣。嚣嚣訾訾,咸以功非二三年莫成;费不数千金莫成,工役非万余莫成。[①]

---

① 左慧元编《黄河金石录》,黄河水利出版社,1999 年,第 148–149 页。

2. 跃进渠

跃进渠开口于中卫黄河左岸孟家河沟，新中国成立前中宁县河北灌区有新生、中济、长永、丰乐 4 条古干渠，都在黄河引水自成系统，互不统属，常因工程大民力不及，灌溉保证率不高。新中国成立后对以上四渠整修改建，并入跃进渠后，提高了灌溉保证率，减少了岁修工料。因修建于 1958 年"大跃进"时期而得名，上段由原新生渠扩建，以下为新开渠段。渠系傍河依山至青铜峡市广武乡旋风槽村入黄河（图 4-30、图 4-31）。

图 4-30 跃进渠（1960 年 4 月建）

图 4-31 跃进渠新出水口

（1）新生渠。明代叫石空渠，明《弘治宁夏新志》《嘉靖宁夏新志》均载："石空渠，在黄河西，长七十三里，溉约一百七十余顷。弘治六年，参将韩玉又加修浚，而胡马不能渡矣。"因口狭腹阔又叫缸子渠。清乾隆时更名胜水渠，自得胜墩开口到倪家营子入黄河，长 35 千米，灌田 2 万余亩。[①] 民国

[①] 《宁夏水利志》编纂委员会：《宁夏水利志》，宁夏人民出版社，1992 年，第 118 页。然《嘉靖宁夏新志》载："胜水渠，黄河东，长八十五里，溉田一百五十余顷。"故胜水渠明代已有记载，不是清代才更名，且胜水渠在河东，而石空渠在河西。

186

二十三年（公元 1934 年）又改名新生渠。至白家营子南梢入中济渠，长 38 千米，灌地 2.4 万余亩。1958 年开挖跃进渠，将新生渠口移至俞丁段。裁弯取顺，宽劈高培，作为跃进渠上段，并将原支斗口移由跃进渠供水，先在俞丁北老和尚洼处，新修分水闸，给新生渠下段分水。随着干渠建筑物的不断完善和农田建设规划的实现，下段支斗口也逐步向干渠直接开口过渡，新生渠自此消失。

（2）中济渠。明代叫枣园渠，《嘉靖宁夏新志》载："黄河西，长三十五里，灌田九十余顷。"天启五年（公元 1625 年）堡人郭珠倡众自石空寺东南倪家营子开新口，东北流至炭窑墩，长 35 千米，与贴渠共灌田 1.09 万余亩。清乾隆时，渠口冲圮，又于雍家墩作新口。光绪三十年（公元 1904 年）渠坝又被冲塌 10 余里，贴渠亦坏，遂接引石空渠梢水聊资灌溉。民国八年（公元 1919 年）改名中济渠，长 32 千米，灌田 2.4 万余亩。1959 年将中济渠废除，结合农田建设，分段由跃进渠直接供水。

（3）长永渠。源自家营河沿开口，清乾隆二十三年（公元 1758 年）秋被河水冲塌 2 千米余，又于枣园于家庄下小支河开口，长 12.5 千米，灌田 45 顷。民国时原口冲崩，又于药师滩开口，长 8 千米，灌田 0.6 万亩，1952 年并入丰乐渠。

（4）丰乐渠。明时叫石灰渠，清康熙时渠口壅崩，民力不及。提督俞益谟捐千金建闸疏滞，遂有"千金渠"之称。自铁桶堡碾盘滩开口，至广武五塘沟止，长 30 千米，灌田 1.23 万亩。民国时改名丰乐渠，延长至 37 千米，灌田 1.4 万亩。1952 年长永渠并入后改名丰长渠，于枣园堡沈家营子开新口，1967 年广武十里碑以下被青铜峡水库淹没，丰长渠废除，上段成为由跃进渠供水的支渠。

　　跃进渠于 1958 年 3 月开工实施一期工程，从新生渠渠口引水，渠口至余丁 17 千米系扩建原新生渠段，余丁到渠稍约 60 千米为新开段。1959 年 9 月，实施二期工程，新建渠首进水闸。1978 年改建胜金关退水闸、渡槽。1988 年引水口从孟家河沟上延至张园村，直接由黄河引水，从根本上改善了引水条件。1989 年，新建张园进水闸，共 3 孔，其中 2 孔为钢筋混凝土闸门，中孔无闸门，为常过流式。1995 年改建胜金关退水闸。2004 年实施跃进渠延伸工程，取名"西夏渠"，自跃进渠碱沟退水闸至银巴公路，长 66.4 千米，控制灌溉面积 31.4 万亩。控制性工程西夏渠隧洞、管道开挖、西夏水库等于 2012 年 5 月全面建成。2014 年至 2016 年，实施跃进渠扩整改造工程，对渠系进行全面改造，现管道全长 146.4 千米。其中跃进渠段长 80 千米，灌溉面积 20.38 万亩。①

　　3. 美利渠

　　美利渠原名蜘蛛渠，又名"浚易渠"，是中卫黄河北（左）岸的主干渠，原渠口位于县城西 15 千米处的沙坡头南侧，傍河堆砌石块迎水拜引黄河水，于胜金关西钓鱼台经一排水沟入黄河。据明代王业《美利渠记》载，西夏时期已有此渠，《甘肃新通志》载："元世祖至元元年（公元 1264 年），董文用始复开浚、郭守敬为河渠提举更立闸牌堰。"原渠系由明代太平渠、沙渠、官渠等六条管道构成。明嘉靖四十一年（公元 1562 年），巡抚毛伯温令中卫文武戚官带本卫丁夫，在旧口之西六里开凿新口，建进退水闸各一座，渠成后改名为美利渠。康熙四十年（公元 1701 年），袁铃开石坎，垒石拜；康熙四十五年（公元 1706 年），高士铎辟

---

　　① 《宁夏水利志》编纂委员会：《宁夏水利志》，宁夏人民出版社，1992 年，第 117–118 页。

宽挖深引水段（图4-32）。

图4-32　北干渠进水闸、北干渠沙坡头退水闸

当代，1963年新建成渠首进、退水闸，1964年将原由黄河引水的太平、新北等渠陆续并入，经历年改造形成总干渠。1968年春加固迎水拜，修迎水桥分水闸，至1982年后形成现美利渠渠系。2004年沙坡头水利枢纽建成，美利渠（沙坡头水利枢纽北干渠）由大坝左岸5号发电机组尾水引水，结束了无坝引水历史。2012年至2016年灌区实施续建配套项目，对管道及配套建筑进行扩整和改造，现管道总长77千米，灌溉面积35万亩。

附：《中卫美利渠记》　知县王业郡人

中卫有蜘蛛渠，即今美利渠，长亘百里，经始开凿，志遗莫考。……嘉靖壬戌夏，中丞毛公奉简命抚夏，筹决通明，应变如响，法重大体，正先急务。卫人以前事告请，公愕然曰："民赖稼穑以生，而水利者稼穑之源也。水利弗通，民何以生？夫因势而导，治水之法也。所欲与聚，体民之情也。是诚在我。"即行兵粮道臬金谢公，移檄改浚，委参将傅良材防卫综理，屯田都指挥张麟图职

提调，宁夏前卫指挥王范职管工，本卫指挥何天衢、冯世勋职赞襄。命丁夫三千人以赴工，申令筮吉，克期会集，省试有方，劝惩有法，趋事者有欢声无怨色也。甫月余而渠成，渠口作于旧口之西六里许，肇工于壬戌岁九月七日，竣事于十月十有六日。渠阔六丈，深二丈，延袤七里，复入故渠。口设闭水闸一道六空，旁凿减水闸一道五空。报完，毛公忻然喜曰："吾民其永赖以生矣。"遂易名曰美利，盖取乾始美利之义。斯渠一通，不独可以足食，而沮虏之势，亦有藉焉。力少功多，暂劳永逸，基虽因旧制，实增新改浚之功，加于创建。……①

4.羚羊寿渠

羚羊寿渠明代称羚羊殿渠，原开口于中卫黄河南（右）岸，永康堡西燕子窝滩（今杨家滩），尾水入羚羊夹渠。清康熙四十七年（公元1708年）高上铎于山洪沟口修建暗洞一道，解除了山洪危害，并建"左张拜"，以导山洪归槽。雍正十二年（公元1734年），吴庭元筑防洪堤800余丈，易名"甘来拜"。道光十五年（公元1835年），马傅稷疏浚宴公庙东渠，在倪家滩另开新口，管道上延三里。光绪三十三年（公元1907年），左张拜冲毁，砌石墙一里多堵之。1934年至1935年，大修山水长拜及河渠要工。

当代，1950年至1961年进行改扩建，新建两处山洪涵洞。1963年至1965年渠口上移14千米，于狄家庄建闸引水。1977年对刘家湾子以上14千米管道进行扩整，兴建南山台子扬水工程。2012年至2016年实施沙坡头灌区南北干渠续建配套与节水改造项

---

① ［清］张金城、杨浣雨修纂，陈明猷点校：《乾隆宁夏府志》卷二十《艺文》，宁夏人民出版社，1992年，第723-725页。

目，对管道及配套建筑进行改造，与羚羊角渠组成沙坡头南干渠，现干渠全长 32 千米，灌溉面积 19.5 万亩。

5. 羚羊角渠

羚羊角渠习称常乐堡渠，明代已有记述，原开口于中卫县黄河南（右）岸上河沿，经下河沿，于常乐堡枣林子入黄河。清康熙四十四年（公元 1705 年）高士铎在边墙（长城）抵河处的石厂沟创建新口。民国时，黄河改道，堡民于张家营子北另开新渠一道，在枣林子北开"和合""天佑"两渠，并修建天车 10 辆，以济渠水不足。

当代，1963 年进行改扩建，将"和合""天佑"两渠并入角渠。1966 年由于渠口淤高，不能引水，在羚羊寿渠周家尖子建水轮泵站，由寿渠供水，废除了刘家湾以上九千米管道。1974 年将废弃的管道重新修复，并对其下游管道进行整修。1975 年废除水轮泵站，改由原角渠口引水。1977 年改建干渠一号退水闸。1981 年新建 1 孔浆砌石开敞式渠口进水闸，改变了多年无闸引水的局面。1987 年春于下河沿瓷厂北建补水泵站 1 座，为渠补水。

2004 年，沙坡头水利枢纽全面建成，自大坝左岸 6 号发电机组尾水引水，结束了无坝引水历史。2012 年 5 月，实施沙坡头南北干渠续建配套及灌区节水改造工程，羚羊角渠与羚羊寿渠组成沙坡头南干渠，现干渠全长 43 千米，灌溉面积 20.6 万亩。

第二节　水利工程

一、青铜峡水利枢纽工程

民国年间，国内老一辈水利专家及宁夏水利界人士就提出在青铜峡筑坝的建议。水利界前辈李仪祉于 1934 年 9 月亲临青铜峡视察，并在报告中写道："青铜峡宜造跨河铁桥……桥孔之间设活动堰以蓄高河水，则河东河西两岸之灌溉渠，可以统由此节制管理，堰后淤积可由中泓排泻之，如此则各渠养护之费可以大省，旱潦不。宁夏灌区可增至三百万亩，水利交通益莫大焉。"惜未能实现。1944 年行政院水利委员会为抗日战争胜利后，在宁夏灌区安排复员屯垦，着前黄委会成立宁夏工程总队，由严恺主持进行了灌区 1/10000 地形图的测绘，并于 1947 年制定了青铜峡闸坝、渠道及干渠工程的设计。1954 年，"黄河流域规划技术经济报告"将青铜峡工程列入第一批修建计划，从此国内外专家多人多次到现场考察研究。1956 年 4 月水利部勘测设计院 104 钻探队开始了青铜峡坝址钻探工作，同时成立青铜峡勘测处，从事灌区的勘测规划工作。1958 年 7 月成立青铜峡水利工程局，8 月宁夏回族自治区即将成立时开工，限于地方力量不济，随即交由水电部直接领导。该工程由水电部西北设计院设计，青铜峡水利工程局即水电部第三工程局施工，1958 年 8 月开工，1960 年 2 月截流，1967 年 12 月第一台机组发电，1978 年全部机组安装完毕，多年来枢纽运行正常，对宁夏的经济发展发挥了巨大作用。

青铜峡枢纽是一座以灌溉为主，结合发电、防凌等综合利用的工程。枢纽由混凝土重力坝、河床式电站、溢流坝、泄洪闸、东端土副坝等组成。总长693.75米，坝顶高程1160.2米，最大坝高42.7米。枢纽的8个机组之间相间布设7个溢流坝段，故称河床式电站。其中右岸河东8号机组为河东总干渠供水，装机2万千瓦，其余7台机组装机均为3.6万千瓦，电站总装机27.2万千瓦，年发电量为13.5亿千瓦小时（图4-33）。

图4-33　青铜峡水利枢纽工程

7个溢流坝段，堰顶高程1149.4米，各设14×6.6米平板闸门，设计泄流量为3255立方米每秒，单孔泄量为465立方米每秒，下游采用面流消能。坝下设50米长的护坦。河床右侧增设的3孔泄洪闸，各宽10米，高5.5米，底槛高程为1140米，总宽42米，设计总泄量为2205立方米每秒。坝址以上黄河流域面积28.5万平方千米，坝址处多年平均流量为1020立方米每秒，多年平均输沙量为2.15亿吨，设计洪水流量为7300立方米每秒，相应水位1157米，库容为6.03亿立方米，校核洪水流量为9280立方米每秒，相应水位为1158.8米，正常水位为1156米，库容为5.65亿立方米，

淹没耕地 6.7 万亩，迁移人口 1.9 万人。[①]

二、宁夏扬黄和蓄水灌溉工程

党中央、国务院十分关心宁夏和宁南地区的经济发展、生态环境治理和人民生活的改善，从 1975 年起批准建设扬黄水利工程。从 1978 年建成宁夏第一个中型扬黄水利工程同心扬水工程至 1999 年，已先后建成固海、盐环定等 7 个大中型扬黄工程，"1236" 大型扶贫扬黄工程也正在建设中，这是宁夏水利工程建设史上辉煌的一页。

多年来扬黄工程取得了显著的效益。1998 年宁南山区粮食产量已由 1980 年的 1.9 亿千克增加到 8.4 亿千克，人均占有粮食已超过国家规定的农民脱贫人均 300 千克标准，农民人均纯收入已由 1978 年的 70 元增加到 1053 元。贫困人口由 1993 年的 139 万人减少到 27.9 万人，8 个贫困县已有 5 个县基本上解决了温饱问题。

固海扬水工程。它是宁夏目前已建成的规模最大、灌溉面积最广、经济社会效益最好的扬黄工程。分别经中卫县七星渠中宁县泉眼山取水，主要解决固原、海原、同心、中宁、中卫 5 个县贫困地区农业灌溉和人畜饮用水问题。

其总体工程包括 1975 至 1978 年建成的同心扬水工程、1978 至 1986 年建成的固海扬水工程、1988 至 1993 年兴建的世行扩灌工程工程，共建设 25 座泵站，装机容量 9.96 万千瓦。干渠总长 267 千米，总扬程 382.47 米，设计流量 28.5 立方米每秒，灌溉面积约 88.76 万亩，工程投资 2.98 亿元。

---

① 《宁夏水利志》编纂委员会：《宁夏水利志》，宁夏人民出版社，1992 年，第 97–98 页。

陕、甘、盐环定扬黄工程，是由陕西、甘肃、宁夏按用水量比例分摊投资共同建设的扬水工程。从青铜峡东干渠取水，主要解决宁夏盐池、同心，甘肃环县和陕西定边部分革命老区 27 万人和 79 万牲畜的饮用水，并适当发展灌溉、改善生态环境、防治地方病。

工程投资 1.53 亿元，于 1987 年开工，1993 年竣工投运。11 个泵站，装机容量 6.626 万千瓦，干渠总长 94.7 千米，总扬程 411.45 米，设计流量 11 立方米每秒，其中宁夏设计流量 7 立方米每秒，陕西、甘肃设计流量各 2 立方米每秒。

中卫南山台扬水工程。1978 年建成。泵站 4 座，装机容量 1.811 万千瓦，总扬程 134 米，设计流量 6.6 立方米每秒，年用电量 3677 万千瓦时。

灵武羊泉墩扬水工程。1993 年建成，泵站 4 座，装机容量 0.3975 万千瓦，总扬程 106 米，设计流量 2 立方米每秒，年用电量 800 万千瓦时。

吴忠扁担沟扬水工程。1994 年建成，泵站 4 座，装机容量 1.1 万千瓦，总扬程 110 米，设计流量 7.7 立方米每秒，年用电量 1400 万千瓦时。

内蒙古阿拉善乱井滩扬水工程。1993 年建成。中卫北干渠取水，主要解决乱井滩地区人、畜饮用水并发展灌溉，将该地区建成大型现代化人工牧场和饲草料基地。泵站 4 座，装机容量 2.079 万千瓦。干渠总长 56.57 千米，总扬程 245 米，设计流量 6 立方米每秒，灌溉面积约 17.2 万亩，投资 1.4 亿元。

宁夏扶贫扬黄工程（原称"1236"工程）。这是正在建设中的大型扬黄水利灌溉工程，一期工程包括中宁红寺堡灌区和固海扩灌区，共发展灌溉面积 130 万亩（其中红寺堡 75 万亩，固海扩灌区 55 万亩），以解决宁南山区 67.5 万人脱贫问题。工程分两大部分：

红寺堡灌区水源取自中卫七星渠，泵站 13 座，装机容量 9.0792 万千瓦，泵站总负荷 9.286 万千瓦。干渠总长 97.67 千米，总扬程 293.7 米，设计流量 25 立方米每秒。

固海扩灌区，东线灌区泵站 13 座，装机容量 8.6994 万千瓦，泵站总负荷 8.9046 万千瓦，干渠总长 89.46 千米，总扬程 469.6 米，设计流量 12.7 立方米每秒。西线灌区泵站 6 座，装机容量及供电负荷 1.2819 万千瓦。①

---

① 磨长宾：《宁南地区扬黄水利工程建设回顾》，《黄河与宁夏水利》上卷，宁夏人民出版社，2006 年，第 293–297 页。

第五章　守望长城

　　长城，又称万里长城，它气势磅礴，蜿蜒起伏，横亘万里，是中国古代的军事防御工事，是由城墙及大量的城、障、亭、标相结合的防御体系。长城是中华文明的产物，也是中华民族文明历史的重要标志，修筑于北方农耕文化与游牧文化交错地带，见证了中华民族的交流融合发展。长城文化、长城精神已为世界所了解、所认知，长城是中国的，也是世界的。

　　宁夏自古为我国北部边防前线和边塞要地，有"关中屏障，河陇咽喉"之称，战略地位十分重要。宁夏素有"中国长城博物馆"之称，自战国时期，到秦、汉、隋、金、明等几个朝代，都曾在宁夏修筑过长城，且保存较为完整，是科学考察和徒步游览长城的绝佳地方。在面积仅6万多平方千米的宁夏土地上，历代统治者修筑的长城总长度达1500多千米（一说总长度1038千米），单体建筑1225座。宁夏境内的长城有砖砌的、石垒的、土夯的、沙堆的。就地取材，形式多样。其中，宁夏盐池长城又是宁夏境内保存最完整、类别最多的地段，有"长城博物馆"之称。

　　1961年3月4日，长城被国务院公布为第一批全国重点文物保护单位。1987年12月，联合国教科文组织正式将"万里长城"列入《世界文化遗产名录》。2020年11月26日，国家文物局发布了第一批国家级长城重要点段名单。

　　宁夏地区引黄古灌区与古长城交相辉映，是历史留给宁夏最厚重的遗产。这里不仅有水网如织、渠道密布的江南景致，也有长城蜿蜒、烽燧兀立的塞北风光，生动展现出这一地区创造的中华优秀传统文化对世界文明进程的贡献。引黄灌溉工程滋润着塞上江南，雄厚的长城守护着塞外土地，长城在宁夏地区广袤的土地上蜿蜒屹立，蕴含着宁夏人民的勤劳和汗水，凝结了宁夏人民的智慧和精神（图5-1）。

图5-1　宁夏长城分布图（来源于网络）

长城是劳动人民勤劳、智慧、血汗、众志成城的智慧结晶和精华所在，长城体现了中华民族的意志、勇气和力量，长城象征着中华民族的和平精神、爱国情怀，是中华民族的根和魂，是我们在世界文化激荡中站稳脚跟的根基，长城更是中华民族的独特精神标识，为我们构筑中国精神、中国价值、中国力量。

第一节　先秦长城宁夏段

明末清初顾炎武在所著《日知录·长城》中指出，长城的出现是由于"战国井田制度废除，而车变为骑，于是寇抄易而防守难，不得已而有长城之筑"。①

宁夏境内的长城在秦惠文王时业已开始修筑，至秦昭襄王时得以完成，所以被称为战国秦长城。据史载："其后义渠之戎筑城郭以自守，而秦稍蚕食，至于惠王，遂拔义渠二十五城。……王赧四十三年（公元前272年），秦昭王时，义渠戎王与宣太后乱，有二子。宣太后诈而杀义渠戎王于甘泉，遂起兵伐残义渠。于是秦有陇西、北地、上郡，筑长城以拒胡。"② 因此，宁夏境内最早的长城应于公元前272年前后开始修筑。

为了防御北方民族的侵扰以及守卫新拓疆域，秦国于边境地区筑长城以抗敌。宁夏境内的战国秦长城长度为170余千米，敌台城障200余座。整体为黄土夯筑，从西向东先后经过西吉、固原原州区、彭阳，东西两端分别与甘肃镇原、静宁境内长城

---

① ［清］顾炎武、郑若萍注译：《日知录》卷三一《长城》，崇文书局，2017年，第291页。

② ［西汉］司马迁：《史记》卷五十《匈奴传》，中华书局，2003年，第2885页。

相接。^①

固原境内的战国秦长城西起西吉县兴隆镇的东台村，东止彭阳县孟原乡的米岔原。总跨越西吉、原州、彭阳3县（区），12个乡（镇），59个村，总长约171.55千米，除消失段落外，现存墙体长82.27千米，沿线墩台149个、烽燧1个、城址21座。长城沿线有着丰富的遗物分布，主要是一些陶质建筑材料、日常使用陶器及少量的生产工具，如板瓦、筒瓦、瓦当、砖、石杵等。^②

（一）西吉县战国秦长城

战国秦长城西起于甘肃岷县，途经渭源、陇西、通渭县，然后转而北上，进入定西县，由静宁县八里镇穿越北峡口，从闫庙村进入固原市西吉县东台村，入宁夏西吉境内，沿着葫芦河东岸而行。大致走向由南而北：经黄家岔、玉桥、张结子、好水川口、单民、兴隆镇、谢家东坡、王家湾、韩家堡抵达将台堡，这段长城长约40千米。

将台堡镇保林村境内长城墙体遗存、将台堡镇明台村长城墙体遗存，夯土层清晰，为沙砾加黄土筑就，虽经历了2000年风雨，仍耸立在葫芦河畔。将台堡是马莲河与葫芦河交汇的地方，也是战国秦长城走向由北往东的转折处。将台堡镇以东，战国秦长城修筑在地势较开阔的马莲河谷地，至马莲河水库所在地以东，河谷通道不断变窄，长城修筑便由河谷一级台地移至二三级台地上，再沿马莲河谷台地曲折起伏东进。

将台堡、马莲河一线的地貌较为平坦，但防御设施增多，不

---

① 王仁芳、张瑞芳：《宁夏长城考古录》，《大众考古》，2014年，第9期，第84页。

② 梁园：《固原秦长城：灿烂的文化瑰宝》，《固原日报》，2022年6月7日。

但长城的修筑移至高台地，而且修筑有多个城墩，在长城内侧还修有城障。马莲河自东向西穿越将台堡全境，战国秦长城在这里以 90 度转折向东，沿马莲河谷地穿过马莲河水库出西吉县，进入固原市原州区张易镇。①

（二）原州区战国秦长城

战国秦长城出马莲河河谷，即进入固原市原州区张易镇。在张易镇西的长城内侧筑有一城障，呈东南至西北长方形。至黄堡东，长城转折为东北方向进入红庄这里有一处较大城障，其北侧紧贴长城，长城已成为一条土垅，其他三面无任何城垣夯筑痕迹。

长城过红庄后进入滴滴沟，滴滴沟水系发源于六盘山北麓下游，名为东至河（亦名冬至河），在固原城北汇入清水河。东至河上游是一条长十多千米的峡谷，两山高耸对峙，长城修筑在滴滴沟东岸狭窄的山坡及台地上，沿沟谷修筑城墩。长城出滴滴沟继续向东，延伸进入海子峡河谷地，海子峡河呈南北走向穿长城而过。②

战国秦长城在孙家庄延伸至吴家庄。吴家庄是长城由南向东北方向转折的地方，这里既是河谷川道，也是滴滴沟的咽喉所在，更是控扼固原城西北方向的重要门户。北魏郦道元《水经注》中对这道长城亦有记载："东北流，注高平川，川水又北出秦长城……东水发源县西南二十九里湫渊，渊在四山中，湫水北流，西北出长城北，与此水汇。"③难能可贵的是，在滴滴沟出口的一个城障

---

① 薛正昌、陶克图、党硕：《宁夏战国秦长城》，《宁夏画报》，2023 年，第 1 期，第 80–85 页。

② 薛正昌：《宁夏战国秦长城》，《宁夏画报》，2023 年，第 2 期，第 70–75 页。

③ ［北魏］郦道元著，陈桥驿校证，《水经注校证》卷二《河水》，中华书局，2020 年，第 53 页。

外发现了一段排水管道，排水管道为东西走向，单层，管内已被土填满。

战国秦长城经吴家庄北上，不时会发现城障、敌台、修筑城墙的壕堑。进入闫家庄地界，长城墙体清晰且保存尚好，有修筑规模较大的城障，墩台遗址清晰，发现有绳纹板瓦片等遗物。再前行，即进入固原古城以北，直趋东北清水河方向自明庄西段始，"长城至固原原州区明庄西北，便分为两道，形成'内城'和'外城'，两处遗迹对比很鲜明。"佘贵孝说，内城城墩城墙高大、宽厚、完整，城线笔直，气势雄伟巍峨。全线约八千米的内城遗迹保存较完好，除现代公路及少数后期冲沟穿破外，基本上不曾中断，每 200 至 230 米便有一个城墩，垂直高 10 至 20 米。外城残毁极甚，大部分夷为平地，垦成农田，残留的城墩多为 2 至 3 米高，大部分看不到城墙。"这段七八千米的长城是中国大地上修筑最早、保存最完整、绵延最长的长城遗址，非常有价值。"[①]

（三）彭阳县战国秦长城

长城过沙窝后爬上程儿山，经阳洼以南、中庄乔家沟，上黄水庙、王家崾岘、黄家庄而出固原县，进入彭阳县川口乡的黄湾以北、彭阳乡的姜洼、丰台、阳洼、崾岘前洼、陡坡子、李岔、城阳乡的瑶湾、白岔、乔渠、长城白马庙、祁家庄、张沟圈、小庄、施坪，从刘家堡子出彭阳县，又进入甘肃省镇原县的孟家塬。其中，营盘山长城、城障、城墩多重建筑形制遗存齐全，可以看出当时防御配置相对完整，防御地域之重要（图 5–2）。

---

① 《宁夏境内最早的长城》，《宁夏新闻网》，2021 年 9 月 6 日。

图 5-2 宁夏彭阳战国秦长城碑[1]

（四）宁夏段战国秦长城的特点

一是长城的修筑始终与河流水系相关。宁夏地处中国西北部干旱半干旱地区，长城保护区内自古以来就是游牧文明与农耕文明交错地带，是中国北方最早的移民垦殖区、农业开发区、旱作农业区，以及多民族聚居地区。

宁夏战国秦长城多数地带沿黄土塬地、沟谷河岸修筑，这是一个非常显著的设防走向地貌特征。长城从北峡口进入宁夏即沿葫芦河、马莲河岸修筑，穿六盘山沿滴滴沟山水南岸修筑，翻黄峁山沿沙窝沟、小川河沟修筑，长城沿河流南（东）岸防御内侧修筑。夯筑土墙需要水，干土不易夯实。墙体随河流走向曲折蜿蜒，依托河流走向筑墙修城，既便于施工，同时依托河流沟谷自然地形，也有利于重点防御河流以北以西境外来敌。在需要跨越的河谷及墙体较大的转折变向位置，往往处于河流交汇或者沟谷隘口处，这些地点同时也有城障关堡的分布。[2]

---

① 薛正昌：《宁夏战国秦长城》，《宁夏画报》，2023 年，第 2 期，第 70–75 页。
② 王仁芳：《宁夏战国秦长城布防特征探析》，《河北地质大学学报》，2018 年，第 4 期，第 137 页。

如上文所述，战国秦长城进入西吉境内，基本沿着葫芦河东岸而行。葫芦河河水充沛，沿岸土地肥沃，是先秦时期宁夏地区较早的旱作农业耕作区，宁夏战国秦长城脚下孙家庄西周墓葬考古证据表明，周人的统治已越过陇山，彭阳县姚河塬商周遗址的发现进一步证明，西周早期周人已将这一地区作为经略西北地区的前哨基地，甚至是作为一处重要的封国都邑经营。[①]

二是战国秦长城由主墙体、墩台、沿线两侧的烽燧及内侧的城障、城堡、关城等附属设施组成，是一种军事防御体系。它的建成客观上将长城内外各民族的命运紧密地联系在了一起，促进了双方政治经济文化的交融发展。

调查所见，宁夏境内战国秦长城防御设施主要包括墙体、敌台以及沿线分布关堡城障。墙体均为夯筑土墙，黄土内夹杂有黑土颗粒，土色花杂，质地坚硬，夯打致密。调查统计，现存墙体断面基宽 3 至 4 米，顶宽 2.2 至 2.5 米，高 2.5 至 3.5 米，夯层厚 0.05 至 0.15 米，版距 0.5 至 1.5 米。尤其是墙体夯层厚度多在 8 至 10 厘米左右，较少超过 12 厘米者，表明工程建设有严格的技术标准与质量控制体系。调查结合钻探及断面发掘，该道墙体底部无基槽，系在原地面上稍微铲削平整后就地夯筑墙体。

宁夏境内战国秦长城沿线发现城障 21 座。以固原市郊长城梁一带保存最好，大概间距 1.7～2.5 千米分布一座，连续保留有近 10 座。在黄峁山沟谷地带，多数残留一道障墙，数量较少。在彭阳长城塬等土塬边，两侧沟畔各分布一座城障，相互呼应，控扼沟谷。秦人以六尺为步，三百步为一里。秦尺一尺约合今 0.23 米，

① 李伯谦：《周人经略西北地区的前哨基地——姚河塬遗址》，《华夏文明》，2018 年，第 2 期，第 3-6 页。

一里为 415 米。从实际考察来看，当时应是一里（增置地带半里）距离，在墙体上设敌台一座，五里左右设城障一座，一处城障分管墙体五里及五座敌台。[①]

第二节　秦汉长城宁夏段

由于长城的军事防御作用，成为北方游牧民族入袭内地的必争之要隘，自秦朝统一以后，各朝代在原基础上增高、加厚、拓宽。秦长城实际是在战国时期秦国长城的基础上加以修缮，主要还是横贯宁夏南部西吉、固原、彭阳三县的地区。

如《史记》所载，"秦三十二年（公元前215年），秦始皇乃使蒙恬将三十万众北逐戎狄，收河南。筑长城，因地形，用制险塞，起临洮，至辽东，延袤万余里"。[②]这段材料清晰地记载了秦始皇遣大将蒙恬北逐匈奴，筑起了西起临洮、东至辽东的长城万余里，以防匈奴南进，史称秦长城。蒙恬虽统领三十万大军，历经十年防守，不可能重新修建一条新"万里长城"，更多是将原有长城进行连接、修缮，故秦朝长城宁夏段主要也是在先秦长城的基础上进行修缮。

学界目前对秦汉长城宁夏段还存有多种说法。顾颉刚、史念海在《中国疆域沿革史》里说："始皇统一天下，使蒙恬修接旧有长城，以防匈奴，所谓万里长城非即由其一手所造也。""秦

[①] 王仁芳：《宁夏战国秦长城布防特征探析》，《河北地质大学学报》，2018年，第 4 期，第 137-138 页。

[②] ［西汉］司马迁：《史记》卷八十八《蒙恬列传》，中华书局，2003年，第 2565 页。

长城实集战国沿塞长城之大成也。"认为秦长城，即战国秦长城的走向。陈正祥在《中国文化地理·长城》中对秦长城有自己的表述，认为秦始皇统一中国后，把燕、赵、秦三国长城连接起来。秦长城起临洮至辽东，"而亘万里以为限者，特因其旧而增拓之。"他认为秦代长城的最西一段，大致是从今天灵武、金积、中卫、靖边，经过兰州以迄临洮。

薛正昌《宁夏的秦长城》认为，通过梳理相关史料，可以确认宁夏是有秦长城的。只是由于年代久远，地理环境复杂，沿贺兰山修筑的秦长城已难觅踪迹。而该文认为除先秦宁夏段长城外，还包括贺兰山沿线的一段长城。①

清代《乾隆中卫县志》里有一些关于该段长城的信息：县城迤北边墙一道，自宁朔县大坝交界处起，至西南越黄河，抵芦沟堡山，沿长四百八十二里，边口二十九处。在这本志中，还有一幅图，只标明长城在中卫境的走向。中卫城北长城标为"北边墙"，包括胜金关。长城过黄河抵芦沟堡，标为"南边墙"。长城在这里被清晰地标识为明代长城。②对于此段长城，周兴华在《宁夏明代西长城错误认定考辨》一文中认为是汉长城。③

关于黄河北岸、西岸的沿河长城，《史记·卫将军骠骑列传》载：汉武帝元狩二年（公元前 121 年），霍去病数破居于河西一带的浑邪王，"浑邪王与休屠王谋欲降汉。""是时，大行李息将城河上"。这则记载说明，元狩二年，汉军渡过黄河后，李息

---

①薛正昌、钟培源、马力：《宁夏的秦长城》，《宁夏画报》，2023 年，第 3 期，第 64-67 页。

②［清］黄恩锡纂修，乾隆门刊本，《中卫县志》卷之《地舆图》，成文出版社，1969 年，第 28 页。

③周兴华：《宁夏明代西长城错误认定考辨》，搜狐网文。

开始沿黄河筑长城。李息沿黄河所筑的长城，在汉武帝对霍去病的嘉奖中可以证实。汉武帝说："骠骑将军去病率师攻匈奴西域王浑邪……十万之众咸怀集服，仍与之劳，爰及河塞，庶几无患，幸既永绥矣"。①汉武帝所说的"河塞"，即指李息沿黄河所筑的长城。朔方以西至令居这一带在黄河以北、以西的近河地带，仅存在于今内蒙古乌拉特前旗阴山南麓至宁夏贺兰山东麓、中卫至甘肃景泰黄河北岸。这一地段的沿河长城，正是遗存于今内蒙古的阴山长城，宁夏的贺兰山长城，中卫、中宁北山长城和甘肃景泰长城。宁夏黄河北岸、西岸的卫宁北山、贺兰山长城的始筑年代，从一些史料记载中，可窥见踪迹。《后汉书·西羌传》载："及武帝征伐四夷，开地广境，北却匈奴，西逐诸羌，乃渡河湟，筑令居塞。初开河西，列置四郡，通道玉门，隔绝羌胡，使南北不得交关，于是障塞、亭燧出长城外数千里。"②

典籍说明汉武帝是渡过黄河、湟水修筑障、塞、亭、燧这类长城墙体的，并说明汉武帝修的长城超出秦长城外数千里。《汉书·赵充国传》载："窃见北边自敦煌至辽东万一千五百余里，乘塞列隧有吏卒数千人，虏数大众攻之，而不能害，今留步士万人屯田，地势平易，多高山远望之便，部曲相保，为堑垒木樵，校联不绝，便兵弩，饬斗具，烽火幸通，势及并力，以逸待劳，兵之利者也。"所谓"塞""燧""堑垒木樵"，即指汉代长城、烽燧。今甘肃省古浪县、景泰县至宁夏卫宁北山、贺兰山沿线，均在"自敦煌至辽东万一千五百余里"的"乘塞列隧"内，当有

---

① [西汉]司马迁：《史记》卷一百一十一《卫将军骠骑大将军列传》，中华书局，2003年，第2933页。

② [南朝]范晔：《后汉书》卷八十七《西羌传》，中华书局，2003年，第2877页。

汉长城烽燧遗址。

　　宁夏境内汉代长城，既有文献记载可证，又有现存遗迹可验。现中卫市沙坡头区北边高墩湖长城及其沿线上，还有其外侧的烽火台所在地区，地上地下的汉代遗址、遗物遍布。在长城外侧通湖山西万图峰顶，耸立着一座汉代烽火台。烽火台底座10米见方，顶宽5米见方，残高约7米。其东侧为烽火台守军住所，基址6米见方。烽火台守军住所均为石块垒砌工程，周围遍布汉代陶片，俯拾皆是。在烽火台下的山崖石壁上，遗存有一块西汉末年、东汉初年的石刻隶书记事文献。这是宁夏中卫与内蒙古阿拉善左旗及其毗邻地区唯一现存的汉代山体岩面石刻文献。石刻文献凿刻在红砂岩山体岩面上，岩面约1.7米见方。字幅高104厘米，宽70厘米，竖刻16行，其中正文15行，每行23字左右，部分字迹脱落，现存120余字（图5-3）。

图5-3　内蒙古阿拉善盟博物馆藏东汉石刻

　　东汉石刻石质为沙层岩，上刻有"汉武帝排逐匈奴北置朔方，西置武［威张掖酒泉敦煌］……碛碑，列郭塞，西界张掖居延……［北拒］匈奴，遭王莽之乱，北地郡壤塞……（马）更於郡，（郡）之北山沙之外造［烽燧］……（见）蓬火先"等内容，中部文字剥落严重，可辨120字，字体均为阴刻汉隶。

这块石刻文献，是宁夏黄河北岸、西岸的卫宁北山、贺兰山长城始筑于汉朝的佐证，也是秦汉文献中的北地郡见于山体石刻的最早记载。这块石刻文献为汉代北地郡辖境已跨越黄河北岸提供了实物例证。在卫宁北山及西万图烽火台的两侧延伸线上，还分布有用石块垒砌的同样类型的烽火台，如孟家湾烽火台、石墩水烽火台、葡萄墩烽火台等。[1]明《计处松山善后事宜疏》："勘得自镇番（今民勤县）以至中卫，烽堠相望，迄今旧址犹存"。[2]

第三节　隋朝长城宁夏段

隋文帝励精图治，开创了开皇之治繁荣局面，国家政治稳定，经济、军事、文化等方面都获得较大发展。此时，西北地区突厥族兴起，屡次犯境，成为终隋一朝的心腹大患。为了抵御突厥，隋朝屯兵边境，更是多次下令修筑长城构筑防御。

隋长城西起宁夏，向东沿着陕西北部，经过榆林，到黄河西岸，再由偏关向东，分内外两支。……隋长城虽沿袭北魏、北齐长城，但也新筑了河南和阴山一带的长城。[3]

隋朝对长城的修筑主要有八次，隋文帝时修筑五次，隋炀帝时修筑三次，期间修筑不断。

开皇元年（公元581年），隋文帝"发稽胡修筑长城，二旬而罢。"[4]此次长城的修筑主要在山西吕梁及内蒙古河套地区一带。开皇三

---

①《走进中卫》，宁夏人民出版社，2020年，第79-81页。

②李汶：《计处松山善后事宜》，载《甘肃新通志》八六《艺文志》。

③徐永清：《长城简史》，商务印书馆，2021年，第201页。

④［唐］魏征：《隋书》卷一《高祖纪》，中华书局，2002年，第15页。

年（公元583年），因北齐遗族高宝宁勾结突厥，与沙钵略可汗攻陷临渝镇，故隋文帝下令"缘边修堡障，峻长城，以备之。"①

开皇五年（公元585年），隋文帝再次下令"发丁三万，于朔方、灵武筑长城，东至黄河，西拒绥州，南至勃出岭，绵亘七百里。明年，上复令仲方发丁十五万，于朔方已东缘边险要筑数十城，以遏胡寇。"②对于史料中所载"东至黄河，西拒绥州"，是否在宁夏境内修筑隋长城，史学界对此尚无定论。据当地文物工作负责人介绍，盐池县境内遗存的隋长城，通过航拍和卫星图片都可以看到。从卫星图片上看，位于宁夏盐池县境内的隋长城大部分被明长城所利用，迄今保存的仅有柳杨堡乡红沟梁向东至陕西省定边县境的一段，长约20千米。隋长城在明长城"头道边"之北侧，黄土夯筑，残高1-3米，基宽9米。③

1997年，宁夏文物考古研究所、盐池县博物馆对盐池县境内古长城地点进行了钻探试掘，同时形成了《宁夏盐池县古长城调查报告》。报告中写道，考古调查人员在明内长城（即"头道边"）发掘地点以北250米左右的地方，新发现了一条与明内长城基本平行的堤状人工堆积。这条堆积从盐池县王乐井乡牛毛井自然村东1.5千米处与明内长城分开，东南至城郊乡八堡村以北700米处与其重合，又在东南至县城东1千米处再次分开，再向东南出宁夏境于陕西定边县盐场堡乡二楼村以东约1千米处再度与明长城重合。对于这条长城遗迹，宁夏考古试掘的调查人员认为这是隋

---

① ［唐］魏征：《隋书》卷八四《北狄传》，中华书局，2002年，第1865页。

② ［唐］魏征：《隋书》卷六十《崔仲方传》，中华书局，2002年，第1448页。

［唐］李延寿：《北史》卷三十二《崔仲方列传》，中华书局，2003年，第1177页。

③《万里长城今何在？探访宁夏盐池古长城遗址》，新浪网文，2021年12月13日。

代崔仲方于开皇五年在朔方（灵武）所筑的隋长城遗迹。他们所发现的这条"长城"，其构筑方法采用"堆筑法"，即"长城表面呈弧状形土层堆筑，其土层表面是用大平面重物拍打，没有夯实，虽层次清楚，但不见夯迹"。[①]

　　史念海先生认为"东至黄河，西拒绥州"，绥州东侧诚有黄河，然距绥州过近，且与朔方、灵武无关。颇疑此处当为西至黄河，东拒绥州。[②]鲁人勇先生持同样观点，且引《盐池县志》资料，"今县城北头道边外侧，时隐时现有一道长城，从上红沟梁起向东至陕西省定边县盐场堡较为清楚，即隋代长成，这段长城长约20千米，为黄土夯筑，基宽9米，残高1至3米不等，倾圮十分严重。"[③]张柏主编在《中国长城志·遗址遗存上》中记载了陕西省定边县内长城情况："境内的隋长城墙体为堆土筑成，不见明显的夯层，其中保存程度差的长3.628千米，消失部分长59米。现存墙体底宽5～7米，最高2米……王圈梁村长城4段，墙体起于周台子乡王圈梁村东南900米处，止于王圈梁村西北425米处，东南接王圈梁村长城3段，西北接宁夏隋长城起点，全长1.292千米。"[④]

　　陈永中认为，今灵武向东至陕西绥德之间的距离并不是700里，"东""两"二字并没有颠倒，今盐池县城北部没有隋长城遗迹……今盐池县城北部附近存在着的两道长城遗迹，均是明筑

　　① 张树林：《花马池问史录·张树林专辑》之《关于盐池县境内"隋长城"的质疑》，阳光出版社，2018年，第56–64页。

　　② 史念海：《河山集》，山西人民出版社，1997年，第371页。

　　③ 鲁人勇等：《宁夏历史地理考》，宁夏人民出版社，1993年，第78页。

　　④ 张柏主编《中国长城志·遗址遗存》上，江苏凤凰科学技术出版社，2016年，第436页。

长城遗迹。^①

王仁芳在《宁夏长城研究文献综述》中提道："2010 年，宁夏长城资源调查结论更倾向于其为明代时期修筑。"^②其后，在《宁夏"隋长城"研究述评与新认识》中指出盐池县发现的所谓"隋长城"，或者明长城"头道边""二道边"为隋代旧址上修缮利用说法均缺乏有力证据。^③

张树林更是在《关于盐池县境内"隋长城"的质疑》一文中旗帜鲜明地对这段"隋长城"进行质疑，且认为所谓的"隋长城"实际上是明代盐池段长城头道边外侧的堆积，只能是"深沟高垒"的"堤垒"的残存部分，并非是"隋长城"。^④

开皇七年（公元 587 年），隋朝又"发丁男十一万修筑长城，二旬而罢。"^⑤隋炀帝时期对长城的三次主要修筑，规模较大，劳动强度高，产生的影响也较为深远。大业三年（公元 607 年）七月，隋炀帝"发丁男百余万筑长城，西距榆林，东至紫河，一旬而罢，死者十五六"。^⑥大业四年（公元 608 年）三月，隋炀帝"车驾幸五原，因出塞巡长城"，七月，再次组织"秋七月辛巳，发丁男二十

① 陈永中：《宁夏隋长城研究》，《陈永中盐池历史研究文集》，宁夏人民出版社，2016 年，第 227 页。

② 王仁芳：《宁夏长城研究文献综述》，《图书馆理论与实践》，2018 年，第 4 期，第 103 页。

③ 王仁芳、王生岩：《宁夏"隋长城"研究述评与新认识》，《中国地质大学学报》，2020 年，第 6 期，第 140–143 页。

④ 张树林：《花马池问史录·张树林专辑》之《关于盐池县境内"隋长城"的质疑》，阳光出版社，2018 年，第 64 页。

⑤〔唐〕魏征：《隋书》卷一《高祖纪》，中华书局，2002 年，第 23 页。

⑥〔唐〕魏征：《隋书》卷三《炀帝纪》，中华书局，2002 年，第 70 页。

余万筑长城，自榆谷而东"。①结果当年，大隋境内"燕、代缘边诸郡旱。时发卒百余万筑长城，帝亲巡塞表，百姓失业，道殣相望。"②然隋炀帝此行还作诗一首《饮马长城宸行示从征群臣》

隋代和唐朝前期，国家再度实现统一，社会相对安定，生产力获得了恢复和发展，黄河中下游地区的社会经济达到鼎盛，水利事业得以复兴。然整个宁夏在当时都是隋朝重点防御突厥的地区，灵州、原州更是设防重镇，特别是灵州军事地位尤为重要，经常有朝廷大员驻守。为遏制突厥人南下，隋采用了修筑长城这一古老的方式。③

第四节　唐宋夏时期长城宁夏段

西夏前期与和北宋、辽对峙，后期和南宋、金并立，"地方二万余里"，④随着各政权之间对峙形势的变化，其边界线一直处于不断盈缩变化之中。⑤ 西夏与周边政权主要依山川地理关口等自然条件来划分，东以黄河为界，西以玉门为界，南以横山、天都山、马衔山为界，北面以沙漠为界。

宋朝为了巩固边界，在沿边修筑了大量的堡寨边壕。大中祥

---

①［唐］魏征：《隋书》卷三《炀帝纪》，中华书局，2002年，第71页。
②［唐］魏征：《隋书》卷二二《五行志》，中华书局，2002年，第636页。
③陈育宁：《宁夏通史》，宁夏人民出版社，2008年，第79页。
④［元］脱脱：《宋史》卷四八五《夏国传》，中华书局1977年，第13028页。
⑤杨蕤指出：西夏仅"宋疆界绵延近二千余里，地形复杂，加之西夏战事频仍，即使在短暂的平息期内，沿边蕃部骚扰不断，因此，宋夏疆界一直处于变动之中，具有一定的复杂性。"杨蕤：《西夏地理初探》，复旦大学2005年博士学位毕业论文，第29页。

符六年（公元 1013 年）八月，宋朝镇戎军至原州壕沟工程修筑完毕，泾原钤辖曹玮等上奏朝廷，奖励有功使臣和军校。[①]大中祥符九年（公元 1016 年），曹玮率部又"增修弓门、冶坊、禾穰、静戎、三阳、定西、伏羌、永宁、小洛门、威远等寨，浚壕凡三百八十里，皆以寨户、厢军给役"。[②]天禧元年五月（公元 1017 年），宋将郝荣等也因从笼竿城到石门和镇戎军的壕沟已经完工，宋朝也给予赏赐。[③]同年六月，曹玮等也上言，近役兵夫缮葺诸寨及创掘县镇城壕，凡一百三十七万三千三百六十九功毕，诏奖之。[④]

2018 年 9 月，为配合"宁夏西海固地区脱贫引水工程"施工，宁夏文物考古研究所对位于固原市西南郊吴庄段长城区域进行了考古调查、勘探与发掘。调查发现该区域地表大致呈东西走向并行分布有两道长城墙体，间距约 50 米，南（内）侧为宋长城，基宽约 8 米，北（外）侧为战国秦长城，基宽约 10 米。通过考古勘探及发掘在墙体两侧还发现与长城防御及修筑取土相关的壕沟 4条及相关遗物。

宋长城墙基外侧壕沟规模宏大，沟壁较直，沟宽 19.5 米、深3.0 米。沟底有倒塌夯土堆积及淤土堆积，沟内填土中出土大量秦汉绳纹筒板瓦及宋代陶、瓷残片及素面瓦片等遗物。秦长城外侧

---

　　① ［宋］李焘：《续资治通鉴长编》卷八十一，真宗大中祥符六年八月庚辰条，中华书局 2004 年，第 1846 页。

　　② ［宋］李焘：《续资治通鉴长编》卷八十七，真宗大中祥符九年五月甲子条，中华书局 2004 年，第 1992 页。

　　③ ［宋］李焘：《续资治通鉴长编》卷八十九，真宗天禧元年五月己亥条，中华书局 2004 年，第 2058 页。

　　④ ［宋］李焘：《续资治通鉴长编》卷九十，真宗天禧元年六月己卯条，中华书局 2004 年，第 2070 页。

壕沟沟壁呈弧形，沟内有明显的水浸沉积层，宽 5.30 米、深 2.0 米，沟内出土少量绳纹板瓦、石块及动物骨骼。分别位于两道长城墙基内侧，为墙内取土及顺墙基水蚀形成的冲沟。据史书记载，北宋大中祥符四年（公元 1011 年），曹玮任镇戎军知州时，为防御西夏，曾"请自陇山以东，循古长城堑以为限"，史称"长城壕"，其"深阔各六七丈"，相当于今 18 米左右。通过本次考古发掘，确认了这道宋代"长城壕"遗迹（图 5-4）。[①]

除此之外，作为历史传统的边界线，长城沿线这条历史、人文线应该在宋夏疆域划分中依然发挥作用。李华瑞先生在其著作《宋夏关系史》中曾提道："迄宋夏之争，由于西夏越过长城，进临汉唐政治中心的腹区，因而修筑城寨和城堡成为北宋防御西夏进攻的主要形式。"[②] 但是在宋夏南部缘边地区，长城遗址依旧发挥了重要的作用。

图 5-4　宁夏固原宋长城壕（南—北）

---

① 王仁芳：《固原市郊考古发掘确认宋代"长城壕"遗迹》，《西夏研究》，2019 年，第 2 期，第 2 页。

② 李华瑞：《宋夏关系史》，河北人民出版社 1998 年版，第 221 页。

第五节　明朝长城宁夏段

　　明代弃河套，退守宁夏，宁夏战略地位更加重要，顾祖禹在《读史方舆纪要》中论述宁夏镇长城地理形势时称其为"关中之屏蔽，河陇之上噤喉"，明朝程道生《九边图考》中载："今三边（榆林镇、宁夏镇、甘肃镇）既为中国所有，而宁夏居中适当喉襟之地。国立宁夏府，洪武五年（公元1372年）废之，徙其民千陕西。九年（公元1376年）复设宁夏等伍卫于上郡，东南距河，西北抵贺兰山，盖四塞之地，内有汉唐二渠引水灌田足称富庶，亦陕之乐土也。所隶贺兰山，后虏贼出没无时，而花马池盐川东西三百里地势平漫，兴武营灵州一带又套贼侵犯腹里必由之路。"[①]《明史》记载："所辖屯堡，俱在河外，自河迤东至察罕脑儿，抵绥德州，沙漠旷远，并无守备。请于花马池筑哨马营。"[②] 史钊在任职十二年期间先后主持建造了宁夏西部屏障——贺兰山的34个隘口的工程，河东营堡、烽火台的建筑。明成化十年（公元1474年）六月，宁夏巡抚徐廷章和总兵官范瑾主持修筑，先后沿河套—黄河—贺兰山一线及固原镇北部地带，修筑了多道防御工事。这些墙体与堡寨烽遂相结整的防御体系（图5-5）。[③]

　　各防区大修长城（边墙），在蒙古骑兵南下的通道上横起了一道道难以逾越的军事防御工程，为保卫宁夏腹里地区、捍卫内

---

　　① ［明］魏焕：《皇明九边考》卷八《宁夏镇·疆域考》，明嘉靖刻本，第325–326页。

　　② ［清］张廷玉：《明史》卷九十一《兵志三》，中华书局，2003年，第2237页。

　　③ 王仁芳、张瑞芳：《宁夏长城考古录》，《宁夏文史资料》第32辑，宁夏人民出版社，2020年，第296页。

地的安全起到了相当大的作用。明王朝对宁夏地区的军事控制一步步地加强，最终完成了总镇—卫所—屯堡—烽埃的军事体系，使宁夏成为一个重要的军事辖区。

图 5-5 《九边图》（宁夏镇）[1]

有明一代，宁夏境内的长城主要由东线、北线、西线和南线长城四部分组成。[2] 东线长城有两条，主要分布在宁夏东部的盐池县和灵武市境内，包括修筑于明成化十年（公元 1474 年）的"河东墙"长城和修筑于嘉靖十年（公元 1531 年）的"深沟高垒"长城（图 5-6）。

① ［明］郑文彬撰，《抄本筹边纂议》上，中华全国图书馆文献缩微复制中心，第 20 页。

② 高万东、陈静：《图说盐池长城》，宁夏人民出版社，2019 年，第 7–8 页。

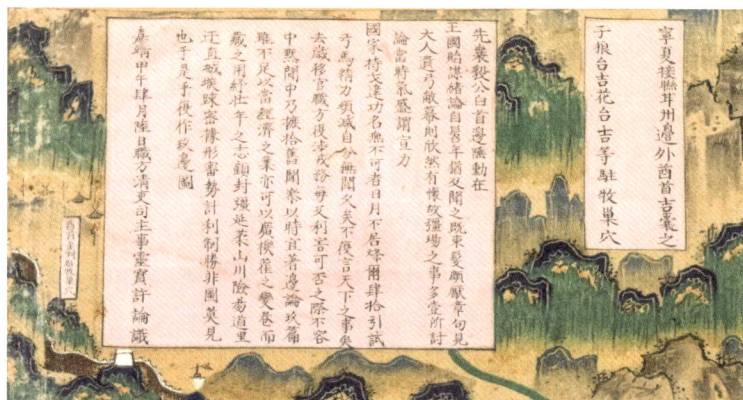

图5-6　明《九边图》（局部）

北线长城有三条。第一条是旧北长城。史称"镇远关墙"或"外边"，又被称为"红果子长城"。据《皇明九边考》载："宁夏北，贺兰山、黄河之间，外有旧边墙一道。嘉靖十年总制王琼于内复筑边墙一道，官军遂弃外边不守，以致田地荒芜。"[①]嘉靖十九年（公元1540年），宁夏巡抚杨守礼在《议复边镇疏》中写道："平虏城百七十里有镇远关，在山河之交，最为要地。南五里，故有黑山营，西沿山四十里有打硙口，东西联属，烽火严明，贼难轻入。弘治前，饷缺卒逋，关营不守。"这段长城东起石嘴山惠农区黄河西岸的惠农农场，向西经红果子镇，到达贺兰山东麓扁沟山脚，全长22.1千米。成化七年（公元1471年），宁夏镇曾修葺包括镇远关长城在内的40座墩台和118处关墙、沟堑。到弘治末年，因粮饷缺乏，黑山营军士多有逃散，镇远关弃守。2017年国家启动红果子长城抢险加固工程，于2017年10月开工，2018年10月竣工，维修后的长城展现出往日雄姿。

① ［明］魏焕：《皇明九边考》卷八《宁夏镇·保障考》，明嘉靖刻本，第328页。

第二条为"陶乐长堤"。《明会要》记载："成化十五年（公元 1479 年）十一月，筑宁夏沿河边墙。"当时，在三边总督刘天和支持下，宁夏巡抚贾俊、镇守总兵官神英发动兵士一万人，沿横城以北的黄河东岸到与镇远关和黑山营相对的都思兔河修筑了一道长城，又在墙外挑挖壕堑一道，因位于陶乐境内黄河东岸，史称"陶乐长堤"。又因沿边修筑墩台 18 座，也叫"十八墩边墙"。这段长城由于多年风雨侵蚀，加上近年修路和农田建设，长城痕迹荡然无存。

第三条为北长城，即"北关门墙"，俗称大武口长城。在《嘉靖宁夏新志》中称为边防北关门边墙，于明嘉靖十年（公元 1531 年）三月动工，七月完成，由齐之鸾督筑，西起贺兰山枣儿沟，东经平罗县城北十里，过沙湖抵达黄河西岸，全长 50 余里。所筑墙体高厚各二丈，墙外挑浚壕堑，深广各一丈五尺，同时修筑关门两座。自此，新修长城以北至镇远关 80 里防地彻底被放弃驻守。

西线长城有两条。第一条为秦长城，长城专家、宁夏博物馆原馆长周兴华先生在中卫南长滩鱼喇钵沟考察时，发现了一处堵塞沟谷的古长城。第二条为明长城，主要是指宁夏西境沿贺兰山东麓向南修筑的长城防御设施（图 5-7）。它北面连接北长城，随贺兰山山势，向南至广武营、中宁石空寺，逾胜金关，沿腾格里沙漠边缘环卫中卫城，再向东南行，在沙坡头水库峡口跨黄河，至南岸芦沟堡，沿黄河南岸穿黑山峡至甘肃境。沿线有宁夏镇城、中卫城等重要城池，以及胜金关、赤木关、镇远关和贺兰山三十三隘口等主要关隘，全长有 800 多里。成化十二年至十九年（公元 1476—1483 年），贾俊出任宁夏巡抚，他主持构筑了自贺兰山双山南口到广武营地段 100 余里的长城，还指挥创建了中卫县城西南永安墩至中卫市柔远堡村北西沙嘴墩一带的边墙，这段长城后又被帮筑、延长至 210 里。后来，修筑了广武营防区南自枣园堡西的大关小墩，北至青铜峡市井沟口村北的大沟墩的长城，长约 85 里。

图 5-7　宁夏段明长城

南线长城有两条。第一条为固原战国秦长城。第二条为"固原内边"长城，修筑于明弘治十五年（公元 1502 年），俗称"沟拉壕"，从陕西定边饶阳水堡自东向西进入盐池县麻黄山乡南部、甘肃环县甜水堡，向西经过盐池县惠安堡镇南部到同心县境内。

元至正九年（公元 1359 年），元末农民起义军的活动已到达宁夏，刘福通分兵北伐后，驻守在陕甘一带的红巾军，在李武、崔德率领下，北上攻取宁夏路和灵州等地，"李喜喜余党复陷宁夏，略灵武诸边地。是时承平久，州郡皆无守备。长吏闻贼来，辄弃城遁，以故所至无不摧破"[①]。

元末明初，北元兵力仍然十分强大，史书记载："引弓之士

①［清］张廷玉：《明史》卷一百二十二《韩林儿传》，中华书局，2003 年，第 3683 页。

不下百万众也，归附之部落不下数千里也，资装铠仗尚赖而用也，驼马牛羊尚全而有也。"①且北元以西北为根据地，屡有侵扰，多次与明代发生战争，犬牙拉锯。故明代宁夏的军事地位更加突显，《读史方舆纪要》载："宁夏之境，贺兰山环于西北，黄河绕其东南。然自正统以后，卫常为寇冲。盖明初寇遁漠北，间有侵轶，不过河西一带，自驻牧套内，患乃更在河东……灵州者，南北之喉舌也。灵州失，则宁夏隔为外境，而环固危。环固危，则陕危。"②

嘉靖《宁夏新志》卷一《宁夏总镇》载："宁夏捍御北虏，屏蔽中原，兵力悉出之五卫。惟兵强则敌不侮，犹地险则人不蹂。弘治以前，虏之部落控弦而盗钞者，少则五六千，多则一二万，尚以力据；今动以十数万称，虏则由少而渐多矣。五卫兵，成化以前尚有三万二千有奇，犹惧不给；今仅一万四千三日余耳，减昔之半，兵则由多而渐少矣。……自弘治年来，屡因大虏犯边，加以天疫流行，渐次逃亡，户绝数多。"③

洪武六年（公元 1373 年）正月，朱元璋派徐达等练兵备边时说："无事之时，正宜往彼练习军士，修葺城池，严为守备。""来则御之，去则勿追，斯为上策，若专务穷兵，联所不取，卿等慎之。"④朱元璋这个指导防御思想成为后世子孙边防政策的"祖宗

①［清］谷应泰：《明史纪事本末》卷十《故元遗兵》，中华书局，2017 年，第 149 页。

②［清］顾祖禹撰；贺次君，施和金点校：《读史方舆纪要》卷六十二《陕西十一》，中华书局，2010 年，第 2942 页。

③［明］胡汝砺纂修；管律重修；陈明猷校勘：《嘉靖宁夏新志》卷一《宁夏总镇》，宁夏人民出版社，1982 年，第 80 页。

④［清］谷应泰：《明史纪事本末》卷十四《开国规模》，中华书局，2017 年，第 214 页。

之法"，导致西北地区长期防御，宁夏平原战事不断，严重影响了当地正常的农牧业生产经营。

有明一代宁夏地区可谓屡有兵患，如英宗正统十四年（公元1449年）之额森入寇；景帝景泰元年（公元1450年）之卫拉特入寇；英宗天顺元年（公元1457年）鞑靼保喇寇边；宪宗成化元年（公元1465年）都指挥黄磺之逐套房于灵武，八年（公元1472年）总兵范瑾游击祝雄之破虏于灵武；孝宗弘治十一年（公元1498年）王越之破小王子于贺兰山，十四年（公元1501年）朱晖之御和硕及小王子；武宗正德四年（公元1509年）花马池总制才宽之御小王子，正德五年（公元1510年）安化王镇之变；世宗嘉靖十五年（公元1536年）之套房犯镇远关，十八年（公元1539年）之套房犯平房城，十九年（公元1540年）巡抚扬守礼总兵任杰等之破虏于铁柱泉；神宗万历十年（公元1582年）灵州卒扬文遇、马景之乱；崇祯四年（公元1631年）流贼神一魁之犯宁夏，均其著者；而尤以万历二十年（公元1592年）悖拜之乱为最甚，缘都指挥悖拜与军锋刘东肠、许朝等突起作乱，因庆藩，杀巡抚党馨副使石继芳，副总兵张维忠自缢死，陷玉泉营广武及河西四十七堡，全陕震动，终被李茹松等所荡平。

"千古胡兵屈仰止，万重血肉铸安宁"，鉴于边患，明朝自建国以来，便从未停止长城的修筑工事。明长城的修建过程大致可分三个阶段：一是洪武至永乐年间，防线被推至大兴安岭、阴山、贺兰山以西以北一带；二是正统至嘉靖年间，"土木堡之变"后，出于防范需要，明王朝大规模筑建长城，增修了许多墩堡、重镇；三是隆庆至万历年间，因为此时的边患主要来自满族，所以明政府将修缮的重点放在了辽东边墙上，他们以空心墙台来增加安全系数。

（一）题刻

1. 大水沟题刻

贺兰山东麓大水沟内上庙遗址后的石壁上有一则题记，名为大水沟题刻，原有题记 4 方，均为阴刻竖行。现仅存二方. 第一方题记，高 46 厘米，宽 62 厘米，距地表 7 米，题记内容为：钦差分守宁夏北路平虏地方参将沁阳时，其于万历十一年秋季重修，十二年三月念日同弟千户时……2005 年 9 月 15 日被公布为自治区第三批文物保护单位。[①]

2. 干沟题刻

干沟题刻位于宁夏回族自治区石嘴山市平罗县崇岗镇常胜村西 5 千米的干沟内，是一座石窟寺石刻。题刻刻于明代沟内西侧石壁上，刻面高 84 厘米，宽 55 厘米，四周有界栏线，字体为楷书。字迹清晰工整，题刻刻于嘉靖二十七年（公元 1548 年），阴刻竖行记录了在此新设宁靖外口关墙和烽火台一座的事宜，以及守备人员名单 19 人，保存较好。

（二）关口

据明代《万历朔方新志》记载，明代在修筑长城的同时，为了防备在特殊情况下的需要，便在适当的地段建立关隘，以便出入。相对而言，较大的关隘叫"关门"，较小的关隘叫"阁门"。人们常说"万里长城二百关"。有人统计过，在长城之上，共有大小关隘 216 处，宁夏段有位于花马池的长城关、平罗县的北关门、贺兰山的赤木关、中卫县的胜金关。在这四座关隘之中，当时最

---

① 《宁夏石嘴山岩画考察报告》，宁夏人民出版社，2015 年，第 17 页。

为险要和雄伟的首推长城关。在全国古长城的关隘之中，以"长城"命名的关门唯盐池县长城关一处。

1. 北门关

北长城始于贺兰山枣儿沟临山墩（今石嘴山市大武口区北 2 千米），东行经平罗城北 5 千米，至黄河西岸沙湖（今平罗县高庄乡金星村附近），全长 25 千米。"紫塞风沙时阵阵，黑山霜雪晓层层。"在旧北长城的上段，长城西尽头是一座依山而建的烽火台，烽火台东西两头堆建的长城基本完好，从烽火台向东约 200 米的长城上，有一段长城地震错位遗址。《九边考》载："宁夏北，贺兰山、黄河之间，外有旧边墙一道。"嘉靖九年（公元 1530 年），因西海蒙古部东迁，屡袭宁夏，曾设修复北边关营和边墙。次年，三边总制王琼与新任副使齐之鸾监督，于平虏城北近 8 千米，东至黄河岸边沙湖，西至贺兰山临山墩枣儿沟，利用原伍岔渠走向，挑挖为深沟高垒，临山处筑石墙一道，下置暗门，东端临河处亦置暗门，是为宁夏北关门，全长 20 千米。从此，镇远关、黑山营弃而不守。嘉靖十七年至二十年（公元 1538—1541 年），又筑成贺兰山打磁口墙墩。[①]

陶乐"长堤"，是从旧北长城的终点越河，自内蒙古自治区的巴音陶亥开始，南行过都思图河而进入陶乐境。陶乐境内沿黄河南下抵横城大边（即东长城），长一百八十余里，修筑于明嘉靖十五年（公元 1536 年）。由于比东长城低矮，又顺黄河岸修筑有如河堤，故称"长堤"，位置从小龙头到现在的兵沟一带。明代修筑时北距沙漠有一定距离，但经风沙的常年袭击，迄今与长

---

① 孙生玉：《宁夏军事史话》，宁夏人民出版社，2016 年，第 550 页。

城遗址周围形成了许多沙丘，长城遗址与沙丘混为一体。据齐之鸾《朔方天堑北关门记》载：夏镇北境，自河东黄沙之长城百里，燧台十八，堠废不能守……嘉靖庚寅十二月。会镇巡官俱以事去任，公属之鸾料理役事。越辛卯春正月，新任巡抚右佥事都御史胡东皋，自蜀至总兵征西将军周公尚文，自酒泉至。翕然事事惟谨。三月之望，之鸾以巡按御史朱公观荐陟按察副史夏之边工，专责成焉。至秋七月工告成。由沙湖西至贺兰之枣儿沟，凡三十五里，皆内筑墙，高厚各二丈，外濬堑深、广各一丈五尺有奇。墙有堞可蔽，有空可下视以击。设为关门二。东曰平虏，中曰镇北。其上皆为堂若干楹，其下各增城三面为二堡，周遭里百二十余步，徙旧威镇并北镇堡军实之。①

2. 三关口（赤木关、赤木口关）

三关口，位于银川市西郊西夏王陵西南，距银川市五十多千米，是宁夏与内蒙古的交界处。这里有一道明代时修筑的长城，曲折蜿蜒，遗迹十分清晰。三关口又称赤木口，位于贺兰山中部，东北距银川约 40 千米，银川至巴彦浩特的公路正由三关口而过。

贺兰山一脉相承，十分陡峭，但到三关口处陡然平缓下来，关口地势十分开阔，此关自古即为阿拉善高原进入宁夏平原的重要通道，也是北方少数民族进入宁夏平原的咽喉要道。

《嘉靖宁夏新志》之《关隘》言：“沿山诸口，虽通虏骑，尚有险可凭。北则惟打硙，南则为赤木，旷衍无碍。”②

---

① ［清］万表等编，于景祥、郭醒点校：《明代经济文录三种》卷三十九《朔方天堑北关门记》，中华书局，2013 年，第 806 页。

② 邵敏校注：《嘉靖宁夏新志》卷一《宁夏总镇·关隘》，中国社会科学出版社，2015 年，第 15 页。

《皇明经济文录》载：嘉靖七年十二月初三日（公元1528年），套虏六七千骑自宁夏东北镇远关南踏水过黄河，循贺兰山南行。总兵杭雄等领兵击之，兵少败绩。官军死者九十二人，雄等结营固守得免。贼遂由贺兰山南赤木口出境，套虏过河由宁夏境内自贺兰山过庄凉者始此。

三关口也是游牧民族和农耕民族交往交流交融之地，《国榷》载，顺义王撦力克及夫人龙虎将军一克黄台吉。以数万骑西出贺兰山后。求宁夏督抚开马市。如俺答赤木口例。固请。许之。市赏八千余金。[①]

三关口明长城遗址属于西长城中段（图5-8），西长城是从甘肃靖远芦沟界进入宁夏中卫县南长滩，过黄河东行至中宁县境，北折沿贺兰山经青铜峡、银川、平罗等市县，至惠农县红果子沟止。沿线设胜金关、赤木关、打铠口、镇远关等四关隘，称"城防四险"。

图5-8　三关口明长城[②]

---

① ［明］谈迁著，张宗祥点校：《国榷》卷七十五《神宗万历十七年》，中华书局，2013年，第4617页。

② 王平主编《嘉峪关长城博物馆》，敦煌文艺出版社，2008年，第28页。

据明代的《赤木口关记》，嘉靖十九年（公元 1540 年），都御史杨守礼总兵任公杰修筑，佥事孟霖记之。

宁夏镇西北据贺兰山，东南据黄河，屯大兵以御胡虏。山之北、之西，河之东，皆虏窟也。河惟坚冰可径度，他时险犹足恃。山迴斜四百余里，岗岑嵂崒，为镇之壁。其谿径可驰入者，五十余处，而赤木口尤易人。昔人偏履山谿，筑关削崖，以绝其道，立墼台，布戍守卒以守之，惟赤木口为弗固，以固之难也。

岁久关险渐坏，谿径俱通，虏乃大肆侵掠，来不及备，去不可袭，非独兵弱之故也。……后几经论证，终于于嘉靖十九年重修赤木关。

关口石砌，长一十八丈，高二丈三尺，女墙高七尺。下阔三丈，上阔一丈八尺。其北斩山长五百九十七丈，其南斩山长七十六丈。又南石基土筑墙长四十八丈八尺，高二丈，女墙高五尺。下阔三丈四尺，上阔一丈七尺。又南石基土筑墙长一千三百八十五丈四尺，高二丈，女墙高五尺。下阔二丈二尺，上阔一丈二尺。又南斩山长六百七十九丈，高二丈，女墙高四尺。比他关最固焉。五月一日赴役，八月口日工毕，共费金口口两。[1]

嘉靖三十六年（公元 1557 年），再次重修赤木口关墙。《实录》中载："嘉靖三十六年五月丁丑（公元 1557 年），去冬套虏直抵凉庄，我军掩击，捷闻，巡抚宁夏王梦弼荫子。十月丁亥，以修筑宁夏赤木口边墙工完，升原任总督贾应春及巡抚王梦弼、总兵官姜应熊俸各一级。"[2]

① 邵敏校注：《嘉靖宁夏新志》卷一《宁夏总镇·南路邵刚堡》，中国社会科学出版社，2015 年，第 61–62 页。

② ［清］吴廷燮撰，魏连科点校，《明督抚年表》卷三《宁夏》，中华书局，1982 年，第 286 页。

赤木口的三关，就是从里到外设置三道关，称头道关、二道关、三道关。头道关关墙与边墙相连，北墙顺山梁向西北延伸，南墙迤向东南，中间为关门。关门两侧，各设一座跨墙墩台。现在头关关门已不存，仅留一个大缺口，银（银川）巴（巴彦浩特）公路从此通过。墙、墩台已残损，仅留部分基址。向东南伸延的边墙，至今保存较为完整，墙高六七米，基宽约六米，顶宽约三米，墙顶两侧筑有女墙。头关向西六里之处为二道关，关门也已不存，公路由此通过，在西十多米高的山头上现存墩台遗址，还有一段石筑边墙蜿蜒于山头上。二关向西四里为三道关。此处山谷狭窄，山陡壁峭。

3. 西关门

西关门。西关门者，北自赤木口，南抵大壩堡，八十餘里。嘉靖十年（公元 1531 年），金事齐之鸾建议总制尚书王琼，奏役屯丁万人，费内帑万金而为之堑者。初围是议，父老以为不可，将士以为不可，制府亦以为不可。齐之鸾力主己议，坚不可回，踰六旬而成之。成未月餘，风扬沙塞，敷日悉平，仍责令杨显、平羌、邵纲、玉泉四堡，时加挑濬。然随挑随淤，人不堪其困苦。巡抚都御史杨志学奏弃之，四堡始绥。[1]

据齐之鸾《朔方天堑西关门记》载：

> 总制军务太子太保兵部尚书晋溪王公琼，初与之鸾经略斯土，疏其说于朝，诏以为可……起自赤木亘延玉泉之三塔墩，止五十里，议集屯丁六千人，厚其犒饩。令都指挥陈爵

---

① 邵敏校注：《嘉靖宁夏新志》卷一《宁夏总镇·南路邵刚堡》，中国社会科学出版社，2015 年，第 61 页。

统而作之。于是瓮缺墉成，削坚壁立，凿深堑缭，虽未及沙湖城之壮伟，亦足以划断腥膻躍马之路矣。关门三，曰赤木、曰灵武、曰玉泉。可方轨并骑出，以便我之樵苏哨击。凡三十五日，而工告成。[①]

4. 胜金关

胜金关，位于宁夏中卫县东 30 千米处。谓其险胜过于金陡潼关，故名。弘治元年（公元 1488 年）为参将韩玉所筑。[②] 横亘于宁夏西北部逶迤 200 千米的贺兰山，过了青铜峡之后，山体渐渐平缓下来，到胜金关一带，山虽不甚险陡，但山脉却向南突出一角，直抵黄河北岸，在山河之间仅留下一线之路，可通往来。胜金关设于此，这种一将守之，万夫莫过的险要形势，使胜金关被历代兵家视为控扼宁夏平原的重要关隘之一。虽然胜金关的地理位置十分重要，但设防守御却十分困难。因为它一面临河，三面受敌，无险可恃，似属绝地。

据《中宁历史资料》载："清康熙三十三年（公元 1694 年）春正月乙丑，九卿议复，川陕总督佛伦重修边墙。准自胜金关东至贺兰尽之平罗营，以原以山为界之地，相度筑边墙。"当然此时所补筑的边墙，已非出于军事目的。《中卫县志》有这样的记载："中卫，边墙口隘二十九处，夷辄入城市交易食物，各带该管蒙古所给腰牌至边口城门查验，允其入内地交易，如无腰牌不得擅入。"

长城在中卫的大致走径为：过胜金关，向西北方向，至镇罗

---

① ［清］万表等编，于景祥、郭醒点校，《明代经济文录三种》卷三十九《朔方天堑西关门记》，中华书局，2013 年，第 805–806 页。

② 邵敏校注：《嘉靖宁夏新志》卷三《中卫·关隘》，中国社会科学出版社，2015 年，第 169 页。

林场。再向西略偏北，经柔远林场、城关林场，至姚滩村西北转向南，经迎水，抵黑林地界黄河北岸止。长城由黄河南岸小河沿村又起，循河西去。黄河在小湾子村北，绕了一个直径约5千米的大湾，取直向西偏南至大柳树村。长城由大柳树村向西，顺黄河至景庄乡的南长滩村，止于黄河东岸。至此长城出宁夏回族自治区境，至黄河西岸的甘肃省靖远县地界。宁夏中卫县境辖长城长约130千米。

过胜金关经镇罗林场段，今基本已无迹可寻。据道光《中卫县志》卷二载："镇罗堡城，弘治元年（公元1488年）建，设把总防守，今仍之，在县东三十里。乾隆四年（公元1739年）重修向南门一瓮城，甃以砖石，城楼三、角楼四、炮台二。"今此堡地处镇罗乡。

由镇罗林场向西经柔远林场至黑山嘴段长城，有基本连贯的夯土城墙。在腾格里沙漠边缘地段的长城，多半埋于沙漠之中。黑山嘴山上石砌长城今已不复存在，仅存1座空心敌楼。楼为圆形，高约5米，有门，四面有箭窗，内为穹降顶。由黑山嘴向西，长城进入腾格里沙漠的南部边缘地区，虽经风蚀，尚存有残墙遗址。[①]

《陕西通志·宁夏中卫》载："黑山嘴在卫北二十五里。胜金关在卫东六十里。洛阳川在卫西二十五里。黄河在卫西南，自靖虏卫来，分流入正河，东北流注宁夏。马槽湖在卫东北二十五里，以形似名。龙潭泉在卫西二十里，其四时则潴蓄，冬不凝冰，祷雨有应，一名暖泉。蒲塘在卫北四十里，塘中多产蒲草。野马泉在卫北二十里。应理州渡、常乐渡在卫南十里。永康渡在卫南

---

① 董耀会、吴德玉、张元华：《明长城考实》，江苏凤凰科学技术出版社，2019年，第280页。

二十里。大通桥在卫东。"①

《读史方舆纪要》载："卫倚贺兰之险，阻洪河之阻，左联宁夏，右接庄浪，诚边陲要地也。说者曰贺兰虽称天险，而通城隘口甚多，自镇关墩至胜金关九十余里，俱朔骑出没处。若修观音口、镇关墩至黄河百八十里之边，则内而广武、玉泉、大坝亦得所捍御矣。夫诚能保有松山，为西蕃外障，岂忧山后之寇哉？"②

同治四年九月十九日（公元 1865 年），《巩宁两城被围调兵援剿折》作奏，"都兴阿等奏请饬总兵移扎胜金关。即著该将军等札饬总兵曹克忠，赶紧整并数营，扼扎胜金关，以杜败匪西窜。"等因。钦此。③

5. 长城关

长城关古时又称"东关门"，修筑于明嘉靖九年（公元 1530 年）。史料记载，明成化十年（公元 1474 年）所修之"河东墙"（即今盐池境内之二道边），原本质量不高，经过 50 多年的战争破坏与风沙侵袭之后，已经倾圮不堪。嘉靖七年（公元 1528 年）二月，王琼任三边总督。翌年九月，王琼在巡视花马池一带长城后，认为："今城去军营远，贼至不即知""姑试之于花马池、定边间，使蹊道四达。则资之竞厥工，以救三秦生齿之糜烂乎！"于是，上疏放弃徐廷璋所建河东墙，而采取"沿营划堑"的方案，在其南 20 里许另筑新长城。第一期先筑"东关门墙"。朝廷准其所奏，命齐之鸾与张大用领其事，于嘉靖九年（公元 1530 年）建起，长

---

① [明] 赵廷瑞、马理等纂，董健桥校注，《陕西通志》卷四《土地·山川》，三秦出版社，2006 年，第 165 页。

② [清] 顾祖禹撰，贺次君、施和金点校，《读史方舆纪要》卷六二《陕西十一·中卫》，中华书局，2010 年，第 2960 页。

③ [清] 杨岳斌撰：《杨岳斌集》，岳麓书社，2012 年，第 183 页。

约54里，并在城墙上设墩铺50座。这段长城上，于花马池城北60步处开设关门一处，其上建有关楼，称作"东关门"，此段长54里的长城便被命名为"东关门墙"。同年十月，王琼将"东关门墙"的效果上报朝廷，并"请自红山堡之黑水营至定边之南山口，皆大为深沟高垒"。他的奏表得到朝廷允准，朝廷"发内帑佐之"，并提拔齐之鸾与张大用为按察副使，进行督筑第二期工程。[1]

"河东新墙"自嘉靖十年（公元1534年）三月举役，是年秋九月告竣，历时7个月（一说为4年）。该段长城自横城起至花马池止，长360里，凡遇到重要隘口、道路交叉之处，必设关门、阁门，既让横穿的道路通过，又能控扼交通。河东新墙"开关门四"（"五"）：清水、毛卜喇、兴武、安定等4个关门、阁门以营堡名；在花马池者为喉襟总要，则题曰"长城关"。这就是说，原名"东关门"的花马池关隘，于嘉靖十年（公元1534年）正式被题名为"长城关"。

明代《万历朔方新志》记载："长城关在花马池城北六十步，即总制王琼弃长城所筑之沟垒也。长五十里。关门上有楼，高耸雄壮，颜以'深沟高垒''朔方天堑''北门锁钥'及'防胡大堑'等字。"其势"高台层楼，雕革虎视。凭栏远眺，朔方形势毕呈于下"。可见其雄伟壮丽、巍峨高大。王琼《九日登长城关楼》诗：

> 危楼百尺跨长城，雉碟秋高气肃清。
>
> 绝塞平川开堑垒，排空斥堠扬旗旌。
>
> 已闻胡出河南境，不用兵屯细柳营。
>
> 极喜御戎全上策，倚栏长啸晚烟横。

---

[1] 《花马池问史录——张树林专辑》，阳光出版社，2018年，第66页。

《明史》记载："宁夏后卫，本花马池守御千户所，成化十五年（公元 1479 年）置。正德元年（公元 1506 年）改卫。其城，正统九年所筑也。东北有方山。西有花马池。西北有大盐池。又西有小盐池。东有长城关，正德初置。东南距布政司千一百二十里。"①

《明史》记载：吉能，酋首吉囊之子，据河套为西陲诸部长，统领宾兔等部族驻牧大、小松山，南扰河、湟番族，环四镇皆寇。隆庆初年，吉能不断犯边，为防秋兵所遏，移营白城子。右都御史王崇古令大将雷龙等出花马池、长城关与战，大败之。②

花马池长城关毁于何时，今已无从考证。盐池县政府于 2015 年投资重建长城关，2016 年 9 月竣工。新建的长城关位于长城公园北侧，距古长城关遗址约 1700 米，项目总投资计 4050 万元。建筑总长 130 米，总宽度 36 米，占地面积 2949 平方米，建筑面积 6458 平方米。建筑物总高 35 米，其中台基高 11 米，楼高 24 米，副楼高 17 米，巍峨雄奇，造型瑰丽，其规模之宏伟远远超过古籍中记载的古长城关，见图 5-9。

图 5-9　长城关

①［清］张廷玉：《明史》卷四十二《地理志三》，中华书局，2003 年，第 1013 页。
②［清］张廷玉：《明史》卷二二二《王崇古传》，中华书局，2003 年，第 5838 页。

　　总之，现在，为了加强长城及其环境风貌保护，规范长城利用行为，传承弘扬长城文化，根据《中华人民共和国文物保护法》《长城保护条例》等法律、行政法规，结合宁夏回族自治区实际，2021年11月30日宁夏回族自治区第十二届人民代表大会常务委员会第三十次会议通过了《宁夏回族自治区长城保护条例》。

　　条例所称长城，是指自治区行政区域内由国务院文物主管部门认定并公布的长城墙体、壕堑、单体建筑、关堡、相关设施等各类遗存。条例的保护对象，包括依法认定并公布的长城、长城文化景观构成要素以及其他与长城直接关联的景观风貌和生态环境。

　　每年5月18日为自治区长城保护宣传日。

第六章　引黄灌溉对宁夏的影响

第一节　引黄灌溉对生态的影响

在黄河冲积平原自然绿洲基础上，经过 2000 多年来各族人民的辛勤开发，开辟出西北最大的一片繁荣、稳定的人工绿洲——宁夏平原，与四周黄尘蔽空的沙漠地带形成强烈对照，堪称人间奇迹。

宁夏引黄灌区人工绿洲生态系统的稳定形成，随着人工水文网络（渠沟湖泊）、人工植被（农田作物、农田周边的林网、草地）大幅度增加，发挥出"湿地效应""绿洲效应"，相应改善了区域小气候，灌区绿洲与贺兰山一起，对于抑制大范围土地荒漠化和沙尘暴施虐，起到了无可估量的巨大作用。宁夏北部正处在我国北方对气候变化特别敏感的生态脆弱带上，在农业生产方式上属于农耕地区向游牧地区过渡的农牧交错带，也是干旱、大风、水土流失、土地沙化、沙尘暴频发的多灾地带，正向的绿洲化效应与逆向的荒漠化效应这两种地理过程在此相互博弈，此消彼长。

宁夏、内蒙古、陕北之间广达 3 万平方千米的毛乌素沙地就是历史时期在自然气候变化和人类不合理活动迭加影响下，荒漠化战胜绿洲化的产物，而宁夏引黄灌溉工程则促成了宁夏平原广达数千平方千米区域绿洲化的稳定发展。

宁夏平原生态绿洲为四大沙漠所包围，西南为我国第四大沙漠腾格里沙漠，西北为乌兰布和沙漠，东北为库布齐沙漠，东为毛乌素沙地。从旅游开发角度看，"黄沙绿洲美如画"是一种独具魅力的奇特自然景观。但从生态环境保护角度看，沙漠广布是绿洲稳定的严重威胁。反过来看，绿洲又是阻断沙漠延伸扩展的生态屏障。

可以设想，如果没有宁夏引黄灌区人工绿洲稳定存在，历史时期四大沙漠很可能会扩展延伸汇合，这就会对黄河构成严重威胁，轻则大量泥沙入黄，重则堵塞河床、黄河断流。从历史发展的现实看，我们可以庆幸的是，由于各族人民的聪明才智，保证了宁夏平原生态绿洲始终战胜着沙漠化的入侵，保证了绿洲的稳定发展。

论规模，宁夏平原人工绿洲面积由汉代大约900平方千米左右扩展至当代6200平方千米，与系统外周边世界的物质能量交换的强度和规模也持续提升、扩大；论生态环境质量，由于当地劳动人民与原生盐土、次生盐渍化斗争的丰富实践，长期农牧结合的优良传统，人工林网对维护绿洲生态稳定性的重大作用，生态系统结构得以优化，保障了绿洲生态得到较好保护，生态质量总体上逐步改善提高。

宁夏引黄灌溉工程的存在，是保护黄河河道水生态、维护黄河中下游生态安全的重要生态屏障，也是保卫黄河流域中下游地区生态安全的重要生态安全屏障。可以毫不夸张地说，宁夏黄河文明的稳定存在，在很大程度上保卫着中国北方广大地区的生态安全，宁夏生态绿洲的兴衰直接影响到我国北方人类适宜生存空间的稳定存在和健康发展。

同时，我们要借鉴历史，把我国这片大面积人工绿洲、西北重要大农业生产基地维护好、建设好，既要重视不断提高其经济效益、社会效益，更要重视加强节水、防污、高效的现代化生态绿洲建设，进一步完善平原湿地水系连通工程、农田防护林、黄河护岸林、湿地护岸林、贺兰山东麓防护林带、城市森林公园配套建设，建设好平原西侧贺兰山自然保护区和平原东侧灵武白芨滩自然保护区，充分发挥其生态效益，真正建设成为祖国大西北稳固可靠的生态安全屏障和宜居、宜业、宜游的美好家园。

解放以前，银川城周围河网密布，湖泊众多，如西大湖、大北湖、西湖，大约有 300 多个大小湖泊分布在城市周围，所以有七十二连湖之说，又有"水抱城"之说。新中国成立后，由于耕地面积扩大及周边耕地过量取水，这些湖泊水域面积在逐渐缩小，使大片湿地退化、植被荒芜，湖泊逐渐缩小，暗淡无光。2002 年，政府开始实行退耕还湖，保护湖泊湿地资源。部分湖泊恢复了往日绿树环绕、水波荡漾的景色，焕发出勃勃生机。七子连湖、小西湖等 10 余个重要湿地被连接，修复水系 32 千米，形成水面 1700 多公顷；宝湖、阅海、鸣翠湖、海宝湖、黄沙古渡、鹤泉湖等 7 处湿地公园的互联互通，成为市区重要的湿地生态带和风景线；扩湖整治、退田（塘）还湿和水系连通等项目建设，保护和恢复湿地面积 5000 多公顷，新增湿地面积 800 公顷，恢复湿地植被 300 多公顷。

目前，银川市湿地面积 5.31 万公顷，其中湖泊湿地 0.97 万公顷、河流湿地 2.17 万公顷、沼泽湿地 0.43 万公顷、库塘人工湿地 1.74 万公顷。全市有自然湖泊、沼泽湿地近 200 个，其中面积在 100

公顷以上的湖泊、沼泽20多个。已有5处国家湿地公园、1处国家城市湿地公园、6处自治区级湿地公园。银川市区湿地率已达到10.65%，湿地保护率达到了78.5%。

银川湿地成为中国西部以及东亚—澳大利亚鸟类重要的迁徙路线和栖息繁殖地。每年秋去春来，这些南来北往的忙碌"客人"总能为城市带来"惊喜"：阅海、鸣翠湖、宝湖等湿地鸟类种群数量比2009年增加了35%。湿地共有野生鸟类239种，有国家Ⅰ级保护动物黑鹳、中华秋沙鸭、白尾海雕、小鸨、大鸨5种；国家Ⅱ级保护动物大天鹅等19种；自治区级保护动物24种。濒危野生动植物种国际贸易公约规定Ⅰ级保护的有1种；Ⅱ级保护的有5种；Ⅲ级保护的有8种。属中日候鸟保护协议规定保护的有59种；属中澳候鸟保护协议规定保护的有34种。

第二节　引黄灌溉对社会经济的影响

宁夏引黄古灌区地涉5个地市、18个县市区，130多个乡镇的1450多个村庄，受益人口近530万人，汉、回、满、蒙等30多个民族。宁夏引黄古灌区自创建以来，为宁夏平原农业生产、生态环境改善、社会稳定和发展持续发挥基础支撑作用。

一是灌溉农业效益。引黄灌溉工程是宁夏灌溉农业发展的里程碑或转折点，为农业发展、粮食增产、农民增收做出了贡献。宁夏平原地处干旱半干旱地区、农牧交错带，不同时期的灌溉面积、粮食产量和区域人口反映出了引黄灌区对宁夏平原社会经济发展的巨大支撑作用。

在宁夏引黄古灌区创建以来的2200多年历史中，灌溉范围逐步扩大，灌溉面积总体呈增长趋势，自秦代开始屯田垦殖，汉代时灌溉面积约 50 万亩，至盛唐时期引黄灌溉面积接近 100 万亩，西夏王朝时期灌溉面积达到 160 万亩，至清代中期 19 世纪灌溉面积达到历史时期最高的 210 万亩。目前宁夏古灌区灌溉面积 828 万亩，不仅灌溉面积扩大，灌溉保障率也大大提高。在有效的灌溉支撑下，宁夏平原粮食产量、养育人口随同增长。据统计明万历时灌区粮食总产量约 223 万石，清乾隆时约 352 万石，民国时期灌区各类农作物总产量最高达到 531 万石；养育人口数量从汉代的近 20 万，到清代增长到近 140 万。2016 年，宁夏引黄古灌区粮食总产量 296.1 万吨，占宁夏回族自治区总量的 4/5，养育着灌区 5 个地市、18 个县市区的 1450 多个村庄，汉、回、满、蒙等 30 多个民族的近 530 万人口。灌区粮食作物以小麦、水稻和玉米为主，除粮食生产外，枸杞、葡萄等也是灌区特色经济作物，葡萄酒酿造、枸杞深加工等已经成为宁夏的标志性产业。

宁夏平原由于引黄灌溉农业的持续发展，成为历代中国稳定西北政治经济、团结各个民族的战略重镇。唐玄宗曾发出"灵武，我之关中！"的感叹，安史之乱后，太子李亨选择这里作为匡复社稷的基地并最终平叛。现在的宁夏平原仍是中国西北地区的重要粮仓。引黄灌溉工程的修建、发展，直接推动了宁夏平原农业和社会经济的发展繁荣。

除了灌溉农业带来的直接经济效益之外，引黄灌溉还产生了显著的环境生态效益。宁夏平原气候干旱，引黄灌溉改善了灌区水资源条件，大大优化了生态环境，在沙漠高原之间塑造了一片广阔绿洲和和谐优美的灌区农业景观，是水利工程改善生态环境的典范。

二是增加粮食产量、改善农民生计、促进农村繁荣、减少贫困。宁夏引黄灌溉工程体系的修建和发展，促进宁夏平原由游牧文明向农耕文明发展，粮食产量、物产种类和养育人口大大增加，这不仅对改善当地居民生存条件、提高生活水平发挥重要作用，同时对稳定中国西北具有战略意义。灌区作物种植以小麦、水稻、玉米等粮食作物为主，其中小麦主要分布在自流灌区，水稻种植区主要集中于青铜峡灌区的中南部黄河沿岸，玉米种植主要集中于扬黄灌区。经济作物以设施农业、葡萄、枸杞为主，其中设施农业主要集中于城镇周边地带，葡萄种植区集中分布于贺兰山东麓农垦系统农场地区，枸杞主要分布于中宁县和银川南梁农场一带。经果林、经济作物及饲草等种植面积不大。2016 年灌区实现生产总值 2910.2 亿元，其中，第一产业 190.8 亿元，占比 6.1%。粮食产量达 296.1 万吨。引黄灌区以占全区 1/3 的耕地面积生产了占全区 4/5 的粮食，灌区的工农业产值分别占全区的 96% 和 80%，是宁夏经济和社会发展的精华地带。

三是为当代水利工程理论和技术发展做出了贡献。宁夏引黄古灌区是中国历史最悠久、规模最大的灌区之一。在长达两千多年的历史中，独特而科学的无坝引水一直是宁夏引黄灌区主要的渠首枢纽型式，汉代称作"激河之法"，渠首用长达数千米的抛石导流堤劈河引水，有的导流堤长达 5 千米，堤上设有溢流坝，保障引黄渠口的防洪安全。进水口一般设闸门，控制引水量的同时，有一定的拦沙功能。引黄灌区纵坡降在 0.2‰ –0.5‰ 之间，科学的渠线规划保障了管道的冲淤平衡。宁夏引黄灌区在公元前 2 世纪时灌溉面积就达到 50 万亩，7 至 8 世纪引黄干渠数量达到 13 条、灌溉面积达到 100 万亩，11 世纪灌溉面积增长到 160 万亩，到 19 世纪引黄干渠增加至 20 余条、总长 1500 多千米，灌溉面积最高达到 210 多万亩。到 13 世纪，各引黄渠口及渠系上的关键节点已普设木闸门，16 世纪又陆续改建为石闸。万历年间，宁夏各干渠渠口采用石闸代替木闸。当时陕西三边总督戴才命解学礼主持石闸的修筑，万历四年、万历五年，唐徕渠和汉延渠的渠口建成十二座石闸，附近的渠坝也用石块包砌。① 清雍正时期开始，唐徕等渠的进水闸通过水位测量对引水实行定量控制，同时干渠埋设底石作为岁修疏浚的标准。这些工程技术在当时都是比较先进的。

利用黑山峡和青铜两个石峡为基点，借黄河水流的斜度，凿沟引水灌东西两岸平原，称之曰渠。渠有干渠，从干渠再引支渠，支渠再引小沟以灌于田土中。渠口有闸，可以因黄河水量之大小，而增减河水入渠之水量。河水大，则于闸外从另道放水入河中，河水小，则闭闸外各泄水道，则使之全体入渠。干渠之末梢亦有闸，如水有余裕，则由此闸以归之湖中，或仍泄至黄河。最妙处，系由支渠小沟灌入地上之水，如有盈溢，仍由水道转纳湖泽中，或再由湖泽以泄入黄河。故宁夏渠工，其机微巧妙，直使以科学水利自称之专门人士，亦不能不惊其完备。②

范长江在考察宁夏水利灌溉时，曾发出这样的感叹："我们中华民族在二千多年以前，就知道如此微妙的水利工程，虽然没有现在的钢骨水泥，从其构造原理言之，不能不认之为深合乎科学，可见我们并不是如'文明人'所说的'劣等民族'那样不堪

---

① ［明］杨寿著，胡玉冰校注：《万历朔方新志》，中国社会科学出版社，2015 年，第 264 页。
② 范长江：《中国的西北角》，新华出版社，1980 年，第 178 页。

造就，我们之所以进步迟缓一点，完全是我们两千多年来的历史环境对我们过于宽厚，不能叫我们一般人的生活常常走到绝境上，因而逼得我们不得不作更大的向上努力。"[①] 充分利用宁夏平原三收两放的地理形势，渠首紧靠平原上端的峡谷凹岸。美利渠等渠首紧挨黑山峡，唐徕渠等渠首紧挨青铜峡。峡谷地段岩石坚固、地貌稳定，可使渠首保持长久而不易损毁。渠首位于凹岸，则既使河岸稳定不变外，还可承接河道主流，保证足够水量引入管道。渠首位于峡谷地段，也是为了从海拔较高河道引水，易于实现自流灌溉。由此可见古人对于河流地貌、河流水文等自然规律的科学认知和精准掌控。

黄河是多沙河流，宁夏引黄灌区主要采用无坝引水这种低影响开发方式，科学的渠线规划实现了冲淤平衡，延续两千多年发挥效益而无不良的环境影响，并通过科学规划的淤灌和作物种植轮序改良盐碱地，俗称"碱地生效，开沟种稻"，取得显著效益。宁夏引黄古灌区长期以来对多沙河流的水沙资源的综合利用、可持续的水利工程型式，对当代多沙河流的综合治理、大型灌区盐碱化防治以及大型河流的水利开发提供了历史借鉴和参考。宁夏引黄古灌区工程充分体现了中国传统哲学中人与自然和谐的思想，因地制宜、低影响开发的工程理念，在工程技术高度发展的当代仍值得总结和借鉴。古代重灌轻排，以致银北低洼地段农田发生次生盐渍化。劳动人民通过总结用水、管水经验，提出了"碱地生效、开沟种稻"的治碱方略，通过开挖排水沟、种稻洗盐、稻旱轮作、伏翻伏泡，种植耐盐作物、种植护岸林、农田防护林等

[①] 范长江：《中国的西北角》，新华出版社，1980年，第179页。

多种途径，降低地下水位，调节水盐关系，摸索出了改造盐碱地、低洼农田高产的一整套技术。

在工程设计和建设中是注重环保的典范。宁夏古灌区在长达两千多年的灌溉农业发展历程中，通过以无坝引水为主的渠首型式、淤灌改良盐碱地、科学的渠系规划改善宁夏平原水资源空间分布，在提高人口和经济承载力的同时塑造了和谐的灌区农业生态环境，是干旱半干旱地区灌溉农业发展同时取得良好环境效益的典范。

独特且具有建设性意义。宁夏引黄古灌区在始建阶段的科技水平下创造性地解决了多个技术难题，如大范围地形测量以及在此基础上的渠线规划建设、无坝引水渠首的工程布置、多沙河流引水的管道维护及水沙综合利用等，初步实现了银川平原南部的引水灌溉，这在当时的水利科技水平下是重大创新，具有独特的建设性意义。此后在两千多年的历史进程中，有意识地引用高含沙量水资源进行淤灌改良低洼盐碱地、长期采用无坝引水的低影响水利开发模式，具有对自然环境的最小不利影响和良好的生态效应。宁夏引黄古灌区在历史进程中逐渐发展完善的岁修制度、灌溉用水管理制度，以及其中封埽、封俵等具体技术形式和西夏时期以律法颁定灌溉管理制度的方式，支撑了灌溉工程与灌溉效益的延续发展，表现出独特的地域特点和创造性价值。

宁夏人民在水利灌溉工程设计、施工、管理方面的创造性智慧是多方面的，确属黄河文明和世界文明的宝贵遗产。

第三节　引黄灌溉对文化的影响

宁夏引黄古灌区地处干旱半干旱地区、游牧文明与农耕文明交错带，同时也是多民族交融、聚居区，在历史上长期占据重要的战略地位，引黄灌溉工程支撑了地区的稳定与发展，与长城一起共同见证了游牧与农耕文明冲突、交融发展的历史，同时衍生了具有地域特色的灌溉农业文化，比如祭祀河川、水神崇拜文化等。在宁夏引黄灌溉工程发展的两千多年历史中，军事屯田为灌区发展产生巨大的促进作用，不同时期的灌渠修建、管理，为引黄灌溉工程打上了文化和时代的烙印，这在管道名称上有鲜明体现。宁夏引黄古灌区的工程规划设计、管理，无不体现中国传统哲学人与自然和谐的思想，具有鲜明的东方文化烙印。

如明前宁夏水利碑主要记录了湖泊之灵及明前宁夏人民在恶劣的自然环境下寄希望于神灵的美好愿景，如《灵湫记》《重修朝那湫龙神庙记》。与明前宁夏水利碑主要反映了明前宁夏人民的原始宗教意识及在当时落后的生产力的情况下宁夏人民面对自然条件的不足束手无策、只能将希望寄托于神灵不同，明清宁夏水利碑极大地表露了明清宁夏人民在顺应自然的基础上积极改造自然的主观能动性与当时生产力的进步。

明清统治者除了采取兴师重教的方式在思想文化上对宁夏进行"用夏变夷"外，还包括对其生产生活方面的影响和改变，即发展水利以兴农业，使其民事耕读，安居乐业。宁夏地处西北边塞，"旱则赤地千里，潦则洪流万顷""唯水利兴而后旱疗有备"，因而兴修水利成为发展农业的首要条件。明清宁夏水利碑中再现了明清时期宁夏全方位地兴修水利的场景，其中以修渠为主要内容，如《中卫美利渠记》《开西海渠记》《修唐徕渠碑记》《钦命大修汉渠碑记》《改修新济渠记》等。另外，明清宁夏水利设施的完善还包括修坝、河台、水库、桥、码头、环洞、暗洞、堤等，如《汉唐二坝记》《中路宁河台记》《重修固原州库记》《重建镇河桥碑记》《规复秦渠猪嘴码头碑记》《改建冯城沟环洞碑记》《重修魏信暗洞碑记》《灵州张公堤记》等。

宁夏引黄古灌区延续发展 2200 多年，灌区范围广、工程体系复杂、规模庞大，以"政府主导、公众参与"为核心的管理模式延续至今，完善的工程维护与灌溉用水管理制度与时俱进，以及有限开发、兼顾生态环境的工程型式，成为宁夏引黄古灌区可持续发展的基本支撑和可持续灌溉的典范。

宁夏引黄古灌区在 2200 多年的发展历程中，兴废靡繁，不同时期的引黄灌渠管道数量、分布虽持续发生变迁和发展，但工程维护、修建均在之前的历史基础上进行。1949 年之后兴建的青铜峡水利枢纽和沙坡头水利枢纽，将宁夏引黄灌溉管道进行了系统整合、整治，主要是在供水的渠首段，历史渠系基本保留原来的线路。目前宁夏引黄灌溉工程遗产的保护体现在三个方面：一个是系统的灌溉工程管理机构及完善的规章制度、政府与民间共同参与，历史上科学有效的管理制度得到传承和发扬，保障工程得到全面维护和灌溉效益的有效发挥。第二是设为文物保护单位进行保护，目前秦渠、汉渠、唐徕渠、昊王渠遗址均为自治区重点文物保护单位，惠农渠、汉延渠为市级重点文物保护单位，对渠系工程、相关文物和遗产进行整体、系统保护。三是建成宁夏水利博物馆，对宁夏引黄古灌区的各类水利文物、遗存进行系统收集、保护和展陈，对宁夏引黄古灌区的历史、科技、文化进行系统挖掘和梳理，通过博物馆对外展示，是对灌溉工程遗产的系统保护。此外，在灌区渠系的重要节点设置了遗产标识，自治区水利厅正在组织编制宁夏引黄古灌区灌溉工程遗产保护规划，以促进和引导对遗产的系统、科学保护、利用、展陈（图6-2）。

图6-2　引黄灌溉（春季、夏季、秋季、冬季）

　　宁夏引黄灌区文化资源独具特色，独特的地理环境及灌溉农业的发展衍生了内涵丰富的区域文化，使灌溉工程遗产打上了深深的黄河文化、农耕文化、西夏文化、少数民族文化等烙印。区域旅游资源丰富且独具特色，体现了深厚的文化底蕴，形成独特的自然文化景观（图6-3）。

图6-3 冬灌后的农田[①]

---

① 宗合、辛怡丽、钟培源：《宁夏冬灌开始》，《宁夏画报》，2022年，第10期，第55页。

图书在版编目（CIP）数据

长渠流润泽塞上　长城守望两千年：宁夏引黄灌溉工程 /
尤桦，刘建刚编著 . -- 武汉：长江出版社，2024.7
（世界灌溉工程遗产研究丛书 / 谭徐明总主编 . 中国卷）
ISBN 978-7-5492-8802-1

Ⅰ . ①长… Ⅱ . ①尤… ②刘… Ⅲ . ①灌溉工程 – 水
利史 – 宁夏 – 西汉时代 Ⅳ . ① TV632.43

中国国家版本馆 CIP 数据核字 (2023) 第 055973 号

长渠流润泽塞上　长城守望两千年：宁夏引黄灌溉工程
CHANGQULIURUNZESAISHANG CHANGCHENGSHOUWANGLIANGQIANNIAN：
NINGXIAYINHUANGGUANGAIGONGCHENG

尤桦　刘建刚　编著

出版策划：赵冕 张琼
责任编辑：李恒
装帧设计：汪雪 彭微
出版发行：长江出版社
地　　址：武汉市江岸区解放大道 1863 号
邮　　编：430010
网　　址：https://www.cjpress.cn
电　　话：027-82926557（总编室）
　　　　　027-82926806（市场营销部）
经　　销：各地新华书店
印　　刷：湖北金港彩印有限公司
规　　格：787mm×1092mm
开　　本：16
印　　张：15.75
彩　　页：4
字　　数：180 千字
版　　次：2024 年 7 月第 1 版
印　　次：2024 年 7 月第 1 次
书　　号：ISBN 978-7-5492-8802-1
定　　价：98.00 元